モンシロチョウの一生

卵《たまご》からチョウになるまで、
モンシロチョウのすがたは
どんなふうに変わるでしょうか？

卵《たまご》はひとつずつ、葉の裏《うら》などに産みつけられる。

4～5日で幼虫《ようちゅう》が生まれる。

もりもり食べて、どんどん大きくなる。

ふ化してから15～20日で、さなぎになる。

10日ほどで、羽化《うか》のじゅんびが完成し、はねの色やもようがすけて見えるようになる。

チョウになった！

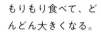

モンシロチョウとスジグロシロチョウ

よく似《に》ている2つのチョウ、見分けるポイントをしょうかいします。

モンシロチョウ・春《はる》型《がた》

オス

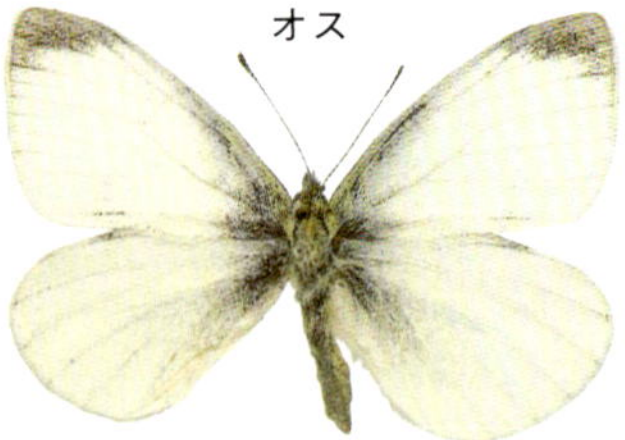

メス

春型《はるがた》は、はねの先の黒い部分がうすく、黒いもようが小さい。オスははねのつけ根の黒っぽいところがせまいが、メスでは広い。

モンシロチョウ・夏《なつ》型《がた》

オス

メス

春型《はるがた》にくらべて、はねの先の黒い部分が濃《こ》く、黒いもようも大きく、はっきりしている。オスとメスのちがいは、春型《はるがた》と同じ。

スジグロシロチョウ・夏《なつ》型《がた》

オス

メス

モンシロチョウにくらべると、はねのすじが黒く、はっきり見える。オスは、はねのつけ根に黒っぽいところがないが、メスでは広く、黒いもようも大きい。

モンシロチョウ、「ねむるさなぎ」のひみつ

著／橋本健一

汐文社
ちょうぶんしゃ

モンシロチョウ、「ねむる　さなぎ」のひみつ

1章 モンシロチョウの一年のくらし

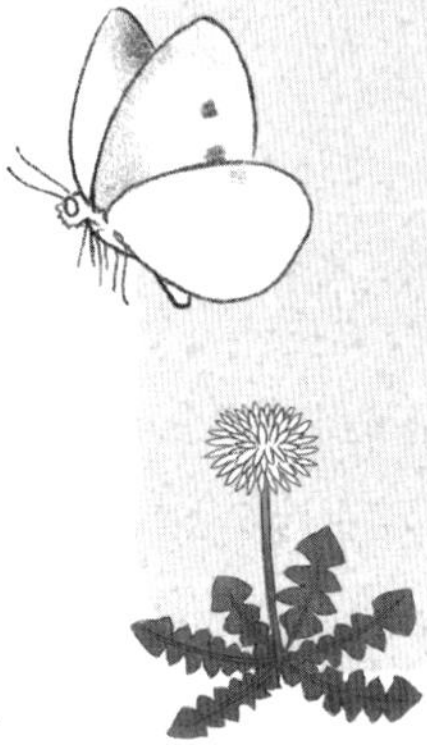

キャベツやブロッコリー、ハクサイなどの畑でヒラヒラ飛んでいる白いチョウを見たことがありますか？

それはたぶんモンシロチョウです。モンシロチョウの幼虫《ようちゅう》はキャベツやブロッコリーの葉を食べて大きくなるので、お母さんチョウは、こどもたちのごはんの上に卵《たまご》を産もうと、畑を飛んでいるわけです。幼虫《ようちゅう》はキャベツなどの葉をもりもり食べて、すじだけ残して丸はだかにしてしまいます。農家にとってはめいわくな虫ですが、人のくらしとともに生きている身近な生き物の代表として、教科書にも登場しています。

こんなふうにすっかりおなじみのチョウですから、「モンシロチョウなんて知っているよ」と思うかもしれませんが、そのくらし方や生き方には、わたしたちの知らないひみつがたくさんかくされています。

〔モンシロチョウのなかまは六種類〕

チョウには、アゲハチョウやシジミチョウなどさまざまな種類がありますが、日本で見られるモンシロチョウのなかまは、現在《げんざい》六種類です。どの種類の幼虫《ようちゅう》も、ナノハナ（アブラナ）やキャベツ、ケールなどアブラナ科の植物を食べます。

北海道から南西諸島《しょとう》までの日本全国でふつうに見られるのは、モンシロチョウ。南西諸島《しょとう》以外の、北海道から九州までの各地でよく見られるのが、スジグロシロチョウです。モンシロチョウとスジグロシロチョウはよく似《に》ていて、飛んでいるすがたで見分けるのは、なかなかむずかしいものです。しかし捕虫《ほちゅう》あみでつかまえて手元で見れば、ちがいはよくわかります。はねのすじにそって外がわから内がわに向かって黒いすじのもようがあれば、スジグロシロチョウです。また、スジグロシロチョウのオスは、つかまえて手に取るとレモンのような香《かお》りがします。この香《かお》りのひみつは、はねをおおう「りん粉《ぷん》」にあります。スジグロシロチョウのオスには、レモンの香《かお》りを出すりん粉《ぷん》があるのです（発香鱗《はっこうりん》といいます）。モンシロチョウのオスにも同じようなりん粉《ぷん》はありますが、レモンのような香《かお》りはしません。

スジグロシロチョウ

はねの黒いすじがよく目立つ。モンシロチョウにはこのような黒いすじはないモンシロチョウは日当たりのよい畑や、まだ水をはっていない田んぼなどで見られますが、スジグロシロチョウはどちらかというと日かげが好きで、林のへりや神社などの木立が多い場所で見られます。この二種類のチョウはなぜ、ちがう環境《かんきょう》を選んですみ分けているのでしょうか。それについてはおもしろい話があります。くわしくは、128ページからのコラム④を読んでみてください。

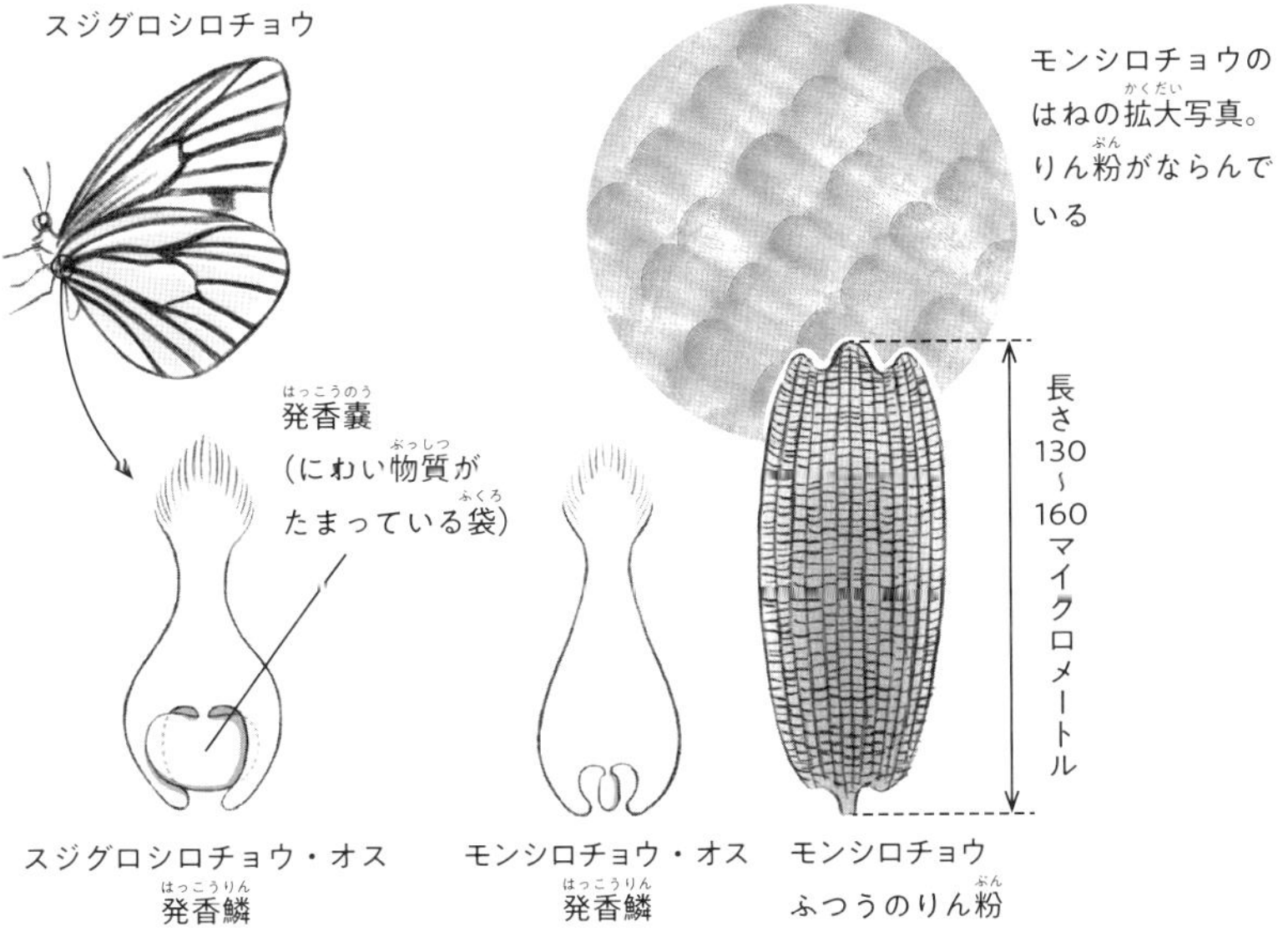

モンシロチョウのはねの拡大《かくだい》写真。りん粉《ぷん》がならんでいる

モンシロチョウの一年

東京付近でくらすモンシロチョウは、三月から四月にすがたをあらわしはじめます。冬のあいだをさなぎですごし、羽化《うか》してきたチョウたちです。春一番に羽化《うか》したモンシロチョウは、畑のキャベツなどに産卵《さんらん》して一生を終えます。このとき産みつけた卵《たまご》から生まれた幼虫《ようちゅう》がさなぎになり、チョウになって出てくるのは五月ごろです。これが二回めのモンシロチョウで、春一番のこどもにあたります。このこどもたちも同じように卵《たまご》を産み、そこから生まれた三回めのチョウがあらわれるのが六月ごろです。六月生まれは、春一番の「まご」にあたるというわけです。

モンシロチョウはこのようにして、年に数回生まれてきます。東京付近では五～六回めの成虫が九月から十月ごろにあらわれて、産卵《さんらん》します。そこから生まれた幼《よう》虫《ちゅう》は冬をこすための特別なさなぎになり、次の年の春に羽化《うか》します。ふつうのさなぎは、さなぎになってから十～二十日でチョウになりますが、秋の終わりのさなぎはすぐには羽化《うか》しません。五か月ほどのあいだ、さなぎのままねむり続けて、冬をこすのです。このようなさなぎを「休眠《きゅうみん》さなぎ」といいます。

一年のあいだに新しい成虫が生まれてくる回数は、気候によって異《こと》なります。夏が短い北海道では、西部や南部でも、四月から十月にかけて年四回程度《ていど》の発生ですが、暖《あたた》かな鹿児島県《かごしまけん》では、二月から十二月にかけて七～八回も発生します。

季節によるすがたのちがい

一年に何回か成虫があらわれる昆虫《こんちゅう》には、季節によってからだの大きさやはねの色などが変わるものがあります。これを「季節型《きせつがた》」といいます。

モンシロチョウの場合は、春一番に羽化《うか》した成虫と、二回め以降《いこう》の成虫とのあいだにちがいが見られます。春一番のモンシロチョウは夏のものとくらべると少し小さく、前ばねの黒い点のもようも小さくてうすいことが多いようです。また、モンシロチョウははねの裏《うら》がわが黄色っぽいのですが、春一番のものはこの黄色が濃《こ》くなります。

二回め以降《いこう》のモンシロチョウは、前ばねの黒い点のもようが大きくはっきりしていて、全体的に大きくなります。口絵ページに写真があるので、見てください。

つまり、「ねむる　さなぎ」（休眠《きゅうみん》さなぎ）から羽化《うか》してきた成虫はやや小さく、それ以外の時期の成虫は大きめになると言えます。※

※モンシロチョウの場合、七、八月にあらわれる成虫は小型になることがあります。この理由は夏には幼虫《ようちゅう》の食物となるアブラナ科の植物が少なくなるので、食物が不足するためと考えられています。

1章　モンシロチョウの一年のくらし

コラム 1

モンシロチョウのなかま

モンシロチョウのなかまは、分類学の上ではピエリス属《ぞく》（モンシロチョウ属《ぞく》）というグループにまとめられています。このグループの中で日本で見られるのは、モンシロチョウとスジグロシロチョウのほかに、次の四種類のチョウです。どのチョウも幼虫《ようちゅう》はアブラナ科の植物を食べて育ちます。

●エゾスジグロシロチョウ　北海道の東部にすんでいます。次のヤマトスジグロシロチョウと大変よく似《に》ていて、区別するのがとてもむずかしい種類です。

●ヤマトスジグロシロチョウ　北海道の南西部から九州にかけてすんでいます。エゾスジグロシロチョウに大変よく似《に》ていて、以前は同じなかまと考えられていましたが、現在《げんざい》は別の種類とされています。町や人里ではあまり見られず、山の近くや山の中に行くと見られるようになります。

●タイワンモンシロチョウ　長崎県《ながさきけん》の対馬《つしま》という日本海の島にだけすんでいました

が、一九九〇年ごろから沖縄県《おきなわけん》の与那国島《よなぐにじま》や石垣島《いしがきじま》にもすむようになりました。近くの台湾《たいわん》からやってきたと考えられています。

●オオモンシロチョウ　もともとはヨーロッパにすんでいるチョウです。だんだんとすむ場所が広がり、一九九五年にロシアのシベリア地方から日本海をこえて北海道や青森県のほか岩手県の北部にもすむようになりました。キャベツなどの害虫として心配されましたが、大きな被害《ひがい》は起きていないようです。

ヤマトスジグロシロチョウ・メス

タイワンモンシロチョウ・メス

オオモンシロチョウ・メス

2章 なぜ？ 冬に羽化《うか》するモンシロチョウ

自然の中でくらしているモンシロチョウは、秋の終わりにさなぎになると、羽化《うか》せずにそのままで冬をこします。しかし、わたしが大学生のときに研究室で飼育《しいく》していたモンシロチョウの幼虫《ようちゅう》は、さなぎになると、冬でも十日ほどでチョウになって出てきました。

わたしが学んだのは東京学芸大学の生物科、北野日出男《きたのひでお》先生の研究室です。研究テーマは、アオムシコマユバチという寄生《きせい》バチでした。

このハチはモンシロチョウの幼虫《ようちゅう》のからだの中に卵《たまご》を産みます。卵《たまご》からかえった幼虫《ようちゅう》はモンシロチョウの幼虫《ようちゅう》の体内で大きくなり、さなぎになるとき幼虫《ようちゅう》のからだを食いやぶって出てきて、まゆを作ります。モンシロチョウの幼虫《ようちゅう》は、ハチの幼虫《ようちゅう》を体内にすまわせたままで生きていますが、寄生《きせい》バチの幼虫《ようちゅう》が出ていくと死んでしまいます。このようにほかの昆虫《こんちゅう》のからだに寄生《きせい》して育つハチにはたくさんの種類があり、ゴキブリに寄生《きせい》するもの、バッタの卵《たまご》に寄生《きせい》するものなど、いろいろです。

北野研究室では、学生のほぼ全員がアオムシコマユバチか、モンシロチョウを材料として研究をしているため、一年中モンシロチョウの幼虫《ようちゅう》を飼《か》っていました。関東から西では、十一月ごろまでモンシロチョウを見ることができます。そのころ大学のまわりはまだところどころにキャベツ畑や麦畑が広がるのどかな風

アオムシコマユバチの幼虫《ようちゅう》は、
モンシロチョウの中から出てきて、
すぐに黄色いまゆのかたまりを作る。
ふつう30ぴきくらい寄生《きせい》している。

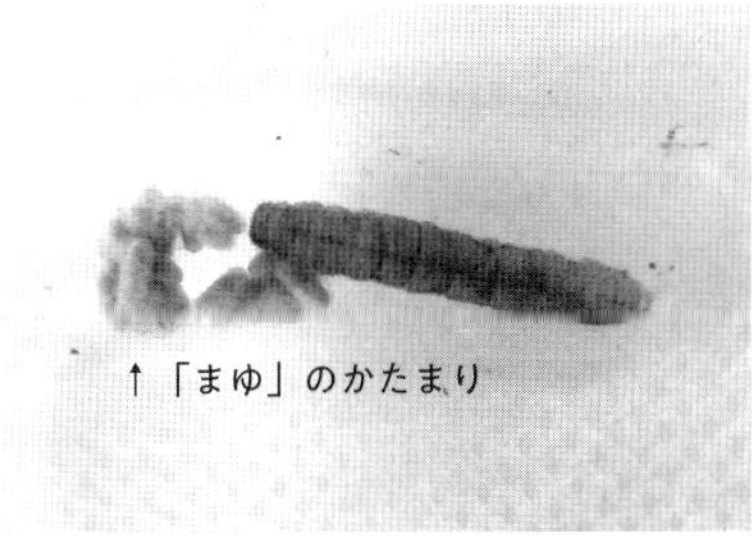

アオムシコマユバチの「まゆ」のかたまり。まゆは黄色い色をしている

景が広がり、モンシロチョウをさがすのはかんたんでした。採集《さいしゅう》してきたチョウに産卵《さんらん》させれば、暖房《だんぼう》の入っている研究室で、冬になっても幼虫《ようちゅう》を育て、成虫を羽化《うか》させることができるのです。

産卵《さんらん》させる方法は、29ページ（4章のイラスト）の通りです。二十五度くらいの温度でずっと明るくしておくと、モンシロチョウの産卵《さんらん》にはよい条件《じょうけん》になるので、メスはせっせと卵《たまご》を産みます。うまくいくと、一頭のチョウから一日で百個《こ》以上の卵《たまご》をとることもできました。

幼虫《ようちゅう》が食べるキャベツは、研究室の前の空《あ》き地《ち》にみんなで畑を作り、そこで栽培《さいばい》しました。もちろん、無農薬です。このキャベツは、ときどきインスタントラーメンの具《ぐ》として、人間たちのおなかにもおさまりました。このようにしてモンシロチョウとつきあううちに、そのくらし方のおもしろさに気づいたのです。

「ねむる　さなぎ」のひみつを知りたい！

研究室で冬に羽化《うか》したモンシロチョウの親は、十一月の初めに外で飛んでいたチョウです。同じころ飛んでいてわたしたちがつかまえなかったチョウのこどもたちは、畑の近くで冬ごしのさなぎになって春までさなぎのままでいるのに、研究室で育ったこどもたちはすぐにチョウになって羽化《うか》してしまいました。これはなぜだろう。研究室が暖《あたた》かいから？　本当に、温度だけが原因《げんいん》なのだろうか？　春まで羽《う》化《か》しないさなぎと、十日ほどで羽《う》化《か》してしまうさなぎは、なにがちがうのだろう？なにがきっかけで、冬に「ねむる　さなぎ」になるのだろう？　考えはじめると、止まらなくなりました。

資料《しりょう》をさがして本屋をまわるうちに、家の近くの古本屋で一冊《さつ》の本を手に入れることができました。『昆虫《こんちゅう》の光周性《こうしゅうせい》』という本で、ダニレフスキーというロシアの学者が書いたものでした。「光周性《こうしゅうせい》」というのは、一日の昼の長さのちがいによってくらし方を変える、生き物たちの反応《はんのう》をいいます。ダニレフスキーは、いろいろな昆虫《こんちゅう》をさまざまな条件《じょうけん》で飼育《しいく》して、昼の長さと昆虫《こんちゅう》のくらしのかかわりを調べて本にまとめたのです。その本の中に、オオモンシロチョウ（→13ページ）の研究がありました。

それによると、オオモンシロチョウのさなぎはふつう一〜二週間で羽化《うか》するけれど、幼虫《ようちゅう》が育っているときの昼の長さがある一定のさかいめより短くなると、少なくとも一〜二か月は羽化《うか》してこない「ねむる　さなぎ」となるのです。逆《ぎゃく》に、昼の長さが一定のさかいめより長ければ「ねむらない　さなぎ」となって、一〜二週間で羽化《うか》するのです。※

つまり、わたしたちの研究室のさなぎが十日ほどでチョウになったのは、幼虫《ようちゅう》を育てているとき夜でも灯《あか》りがついていて、昼が長いのと同じ状態《じょうたい》になっていたからなのです。大きななぞはとけましたが、わたしの好奇心《こうきしん》は止まりませんでした。

オオモンシロチョウではなく、日本のモンシロチョウは、昼の長さが何時間何分くらいになったときに「ねむる　さなぎ」になるのだろう？「ねむる　さなぎ」と「ねむらない　さなぎ」のさかいめになる時間を、つきとめてみたい。東京にすんでいるモンシロチョウについては研究がされているようだけれど、ほかの地域《ちいき》ではどうだろう？　それに、沖縄県《おきなわけん》のような冬でも暖《あたた》かいところでくらすモンシロチョウは、どうなんだろう？　冬でもねむらないのだろうか？　逆《ぎゃく》に、北海道にいるモンシロチョウは？　寒い冬がやってくる前にさっさと「ねむる　さなぎ」になってしまうのだろうか？　調べることは山ほどありそうだ！　これはおもしろい！

小学校高学年のころからチョウの採集《さいしゅう》と観察を続けてきた、昆虫《こんちゅう》少年の血がさわぎます。中学生や高校生のころには、採集《さいしゅう》の前に情報《じょうほう》を集め、ターゲットにするチョウを決めると、季節や場所を変えて何度も出かけました。だんだん行動はんいが広がっていき、山梨県《やまなしけん》、長野県、新潟県《にいがたけん》などへも出かけていきました。そんな血が「ねむる　さなぎ」のひみつを前にさわぎ出したのです。

「ねむる　さなぎ」についてあれこれ考えながら、わたしはだんだんとワクワクしてきました。

こうして、わたしとモンシロチョウとの長いつきあいが始まったのです。

※じつは昆虫《こんちゅう》は昼の長さではなく、夜の長さに反応《はんのう》していることがわかっています。つまり、昼の長さが短くなると「ねむる　さなぎ」になったということは、夜の長さが長くなったことに対する反応《はんのう》なのです。しかし、ふつうはわかりやすくするため昼の長さで考えることにしています。

3章 「ねむりのスイッチ」が入るしくみ

すでにお話ししたように、モンシロチョウの一年は次のようにすぎていきます（東京付近の例をあげています）。

三月〜四月　冬のあいだ休眠《きゅうみん》していた「ねむる　さなぎ」から、羽化《うか》する

四月〜十一月初め　羽化《うか》したチョウが卵《たまご》を産んで、卵《たまご》から幼虫《ようちゅう》、さなぎとなり、
十〜二十日で羽化《うか》するのを五回ほどくりかえす

十一月〜翌年《よくねん》の三月　「ねむる　さなぎ」になって、さなぎのまま冬をこす

ところで、一日のうちの昼の長さは一年中同じではありません。春から夏に向かってだんだん長くなり、秋から冬に向かってだんだんと短くなっていきます。

九月の終わりごろになって、昼の長さがあるきまった時間より短くなってから育ちはじめた幼虫《ようちゅう》は、それをきっかけにからだのなにかが切りかわり※、幼虫《ようちゅう》は「ねむる　さなぎ」（休眠《きゅうみん》さなぎ）になります。つまり、冬のねむりに入るためのスイッチは、昼の長さがある長さより短くなるとセットされるのです。それが何時間何分なのかを調べようというのが、わたしの研究です。

　ねむりに入るスイッチがあるのなら、ねむりから覚《さ》めるスイッチも、もちろんあります。「冬のねむり」は、寒いあいだだけ一時的にチョウになるための成長をストップしている状態《じょうたい》です。この状態《じょうたい》が「休眠《きゅうみん》」です。しかし、いつまでも休眠《きゅうみん》の状態《じょうたい》が続くわけではありません。冬の寒さにさらされたまま、ある一定の期間をすぎると、「ねむる　さなぎ」の体内でねむりから目覚《めざ》めるほうへスイッチが切りかわります。するとさなぎの中で、止まっていた成長がふたたび始まり、羽化《うか》へのじゅんびが始まります。これについては、12、13章でくわしくお話ししましょう。

大学院を終えて高校の生物の教員になったわたしは、じつはこの「ねむりから覚《さ》めるスイッチ」の条件《じょうけん》を調べる研究に取り組んでいました。つまり、「ねむりに入るスイッチ」ではなく、「ねむりから覚《さ》めるスイッチ」を先に調べたというわけです。

これには理由がありました。

「ねむりに入るスイッチ」のセット時間をさぐるには、飼育《しいく》ケースの温度を一定に保《たも》つことのできる装置《そうち》（恒温器《こうおんき》といいます）が必要なのです。モンシロチョウのくらしは、昼の長さだけでなく、温度にもえいきょうを受けます。スイッチが入るさかいめの時間を「何時間何分」と正確《せいかく》に出すためには、温度はいつも一定でなくてはなりません。また、同時に昼の長さを調節する必要があります。高校にはそのための装置《そうち》がなかったので、それほどじゅうぶんな装置《そうち》がなくてもできる「ねむりから覚《さ》めるスイッチ」の研究を先に進めたのですが、そのときの研究は12、13章でしょうかいすることにして、話を「ねむりに入るスイッチ」にもどしましょう。

五つのパターンで、実験開始！

高校の教員として十四年をすごしたあと、わたしは千葉県立衛生《えいせい》短期大学で生物学を教えることになりました。この大学は看護師《かんごし》や歯科衛生士《えいせいし》など、病院などではたらく人たちを育てるところで、二〇〇九年から四年制《せい》の千葉県立保健医療《ほけんいりょう》大学に変わりました。ここでは、医学を学ぶ基礎《きそ》として生物学の授業《じゅぎょう》が置かれています。その生物学を担当《たんとう》されていた矢野幸夫《やのゆきお》先生というモンシロチョウの研究で有名な先生のあとを、わたしが引きつぐことになったのです。矢野先生の研究のために、キャンパスの中の畑では幼虫《ようちゅう》用のえさにする「ケール」が常《つね》に育てられていました。ケールというのはキャベツのなかまなのですが、キャベツのように丸く玉にならず、くきのまわりにふさふさと葉が広がります。幼虫《ようちゅう》に与《あた》えやすく、飼育《しいく》にはぴったりの植物でした。そのころ、生物学の助手をしていた飯島《いいじま》さんは農学部の出身で、農学の知識《ちしき》を生かしてたくさんのケールをじょうずに育ててくれました。

そして、なによりうれしかったのは、温度と昼の長さの両方を調節できる恒温器《こうおんき》が何台かあったことです。これを使えば、一定の温度を保《たも》ったまま、昼の長さを変えて正確《せいかく》な実験ができます。

わたしはまず温度を二十度と定め、次のような五つのパターンで昼の長さを設定《せってい》し、くらべてみることにしました。

①　昼：八時間　　夜：十六時間
②　昼：十一時間　夜：十三時間
③　昼：十二時間　夜：十二時間
④　昼：十三時間　夜：十一時間
⑤　昼：十四時間　夜：十時間

この五つのパターンで幼虫《ようちゅう》を育て、それぞれのパターンでできたさなぎが「ねむるさなぎ」なのか、「ねむらない　さなぎ」なのかを調べます。「ねむる　さなぎ」と「ねむらない　さなぎ」をどうやって区別するのかについては、7章でくわしく説明します。

さあ、これで「ねむりのスイッチ」がいつ入るのか、それを調べる実験が始められます。この実験を始めるには、なんといってもたくさんの幼虫《ようちゅう》を育てる必要があります。どのくらいたくさん必要だと思いますか？

わたしは、一回の実験で百五十ぴきを目標に、幼虫《ようちゅう》を育てることにしました。モンシロチョウの幼虫《ようちゅう》を、百五十ぴき！　しかも、卵《たまご》からかえったばかりの幼虫《ようちゅう》をさなぎになるまで育てる必要があります。みなさんなら、どう集めますか？

※さなぎからチョウに変わるためには、さなぎの中でホルモンが作用する必要がありますが、「ねむる　さなぎ」では、このホルモンのはたらきが止まっているため、チョウへの変化が進まない状態《じょうたい》となっています。

4章　モンシロチョウに卵《たまご》を産んでもらう

六月の初め、東京郊外《こうがい》のある場所でモンシロチョウのメスを捕虫《ほちゅう》あみでとり、そっと三角紙に入れて研究室に持って帰りました。

このメスが、幼虫《ようちゅう》百五十ぴきを手に入れるためのスタートです。つまりモンシロチョウのメスに卵《たまご》を産んでもらい、それをふ化させれば、目標通りの数の幼虫《ようちゅう》がゲットできるというわけです。

研究室では、段《だん》ボール箱など産卵《さんらん》用の箱を用意し、中に産卵《さんらん》のためのケールを水にさして入れておきます。その中にメスをはなして、とうめいなガラス板をかぶせ、上から電灯《でんとう》で照《て》らしておくと、メスは翌日《よくじつ》とその次の日の二日間で、百数十個《こ》の卵《たまご》

を産んでくれました。このような方法を「リシャール式採卵法《さいらんほう》」といい、チョウに産卵《さんらん》してもらうときに使われる方法です。

卵《たまご》を産むのは大変な仕事ですから、産卵《さんらん》が終わったら、チョウにはきちんとえさを与《あた》えねばなりません。ただばたらきさせるのは、よくありませんからね。

〔チョウにえさをすわせよう〕

えさは砂糖水《さとうみず》です。百ミリリットルの水に、小さじ一杯程度《いっぱいていど》の砂糖《さとう》をよくとかして、だっし綿《めん》にしみこませます。チョウのはねをとじた状態《じょうたい》で、前ばねのつけ根あたりをやさしく手で持ち、チョウのあしをだっし綿《めん》にふれさせます。すると、チョウは自分でくるくる巻《ま》いてあるストローのような口（口《こう》ふんといいます）をのばして、砂糖水《さとうみず》をすいはじめます。チョウはあしの先で味を感じることができるのです。

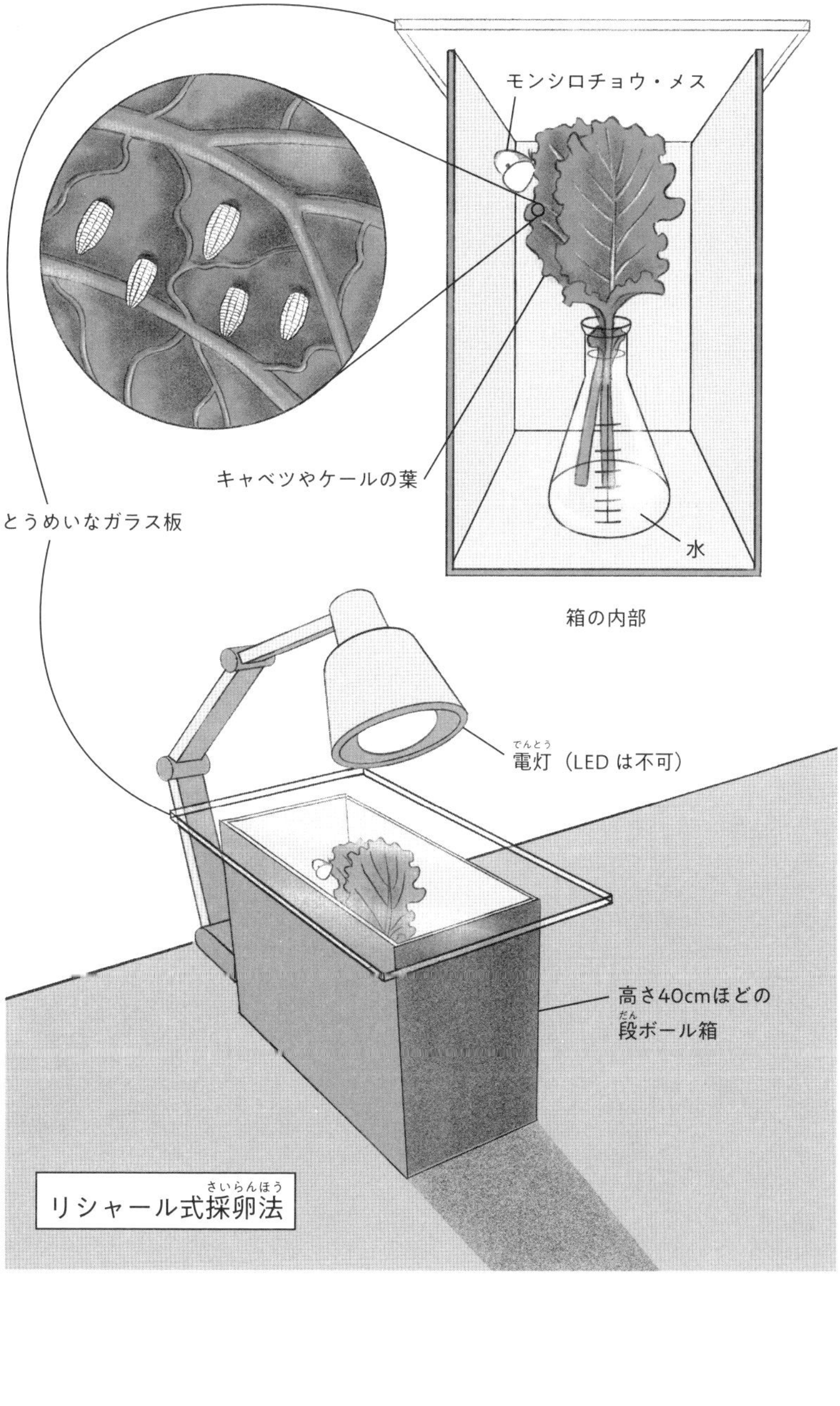
モンシロチョウ・メス
キャベツやケールの葉
とうめいなガラス板
水
箱の内部
電灯《でんとう》（LEDは不可）
高さ40cmほどの
段《だん》ボール箱
リシャール式採卵法《さいらんほう》

なかなか口《こう》ふんをのばさないときは、図のように、柄《え》のついた針《はり》などでそっと口《こう》ふんをのばしてやり、だっし綿《めん》に口《こう》ふんの先をつけるようにすると、すいはじめます。すいはじめたら、そっと手をはなしてみましょう。チョウは、しばらくそのまま砂糖水《さとうみず》をすい続けます。とうめいなカップなどをそうっと上からかぶせておけば、飛んでいくのを防《ふせ》ぐことができます。

前ばねのつけ根あたりの
太いすじ（前縁脈《ぜんえんみゃく》）を
おさえるように持つ

チョウの持ち方

チョウを手で持つときは、まずはねをとじます。そして、はねのつけ根あたりの、前ばねのふちの太いすじ（前縁脈《ぜんえんみゃく》といいます）をおさえるようにして持ちましょう。こうするとチョウがむだにはばたかず、落ちついて砂糖水《さとうみず》をすわせることができます。

口《こう》ふんをくるくると巻《ま》き上《あ》げたら、おなかがいっぱいになったというサインです。かぶせたカップをはずし、チョウをそうっとだっし綿《めん》からはなしましょう。このとき、だっし綿《めん》の繊維《せんい》がチョウのあしにからまないように、注意しなくてはなりません。あしにからまってしまい、無理にはなそうとしてあしが取れたりすると、葉に止まれなくなり、産卵《さんらん》できなくなってしまうのです。

自然式産卵法《さんらん》

みなさんがもし、同じように産卵《さんらん》させてみたいと思ったら、わたしのように電灯《でんとう》を使う方法ではなく、自然に産卵《さんらん》させるやり方をおすすめします。

できれば、金あみがはってある観察ケースを用意してひなたに置き、中に産卵《さんらん》のためのケールやコマツナなどの葉を小さなビンの水にさして入れます。そのほかに、ヒメジョオンやハナダイコンなどの花も水にさして入れておきましょう。そうすれば、花に止まって自由にみつをすい、自由にケールやコマツナの葉に卵《たまご》を産みます。

あるいは、こんな「砂糖水《さとうみず》レストラン」を作ることもできます。フィルムケースくらいの容器《ようき》の外がわに、黄色またはむらさき色のビニールテープを巻《ま》いておきます。その容器《ようき》の中に、砂糖水《さとうみず》をしみこませただっし綿《めん》をふちまでいっぱいにつめこ

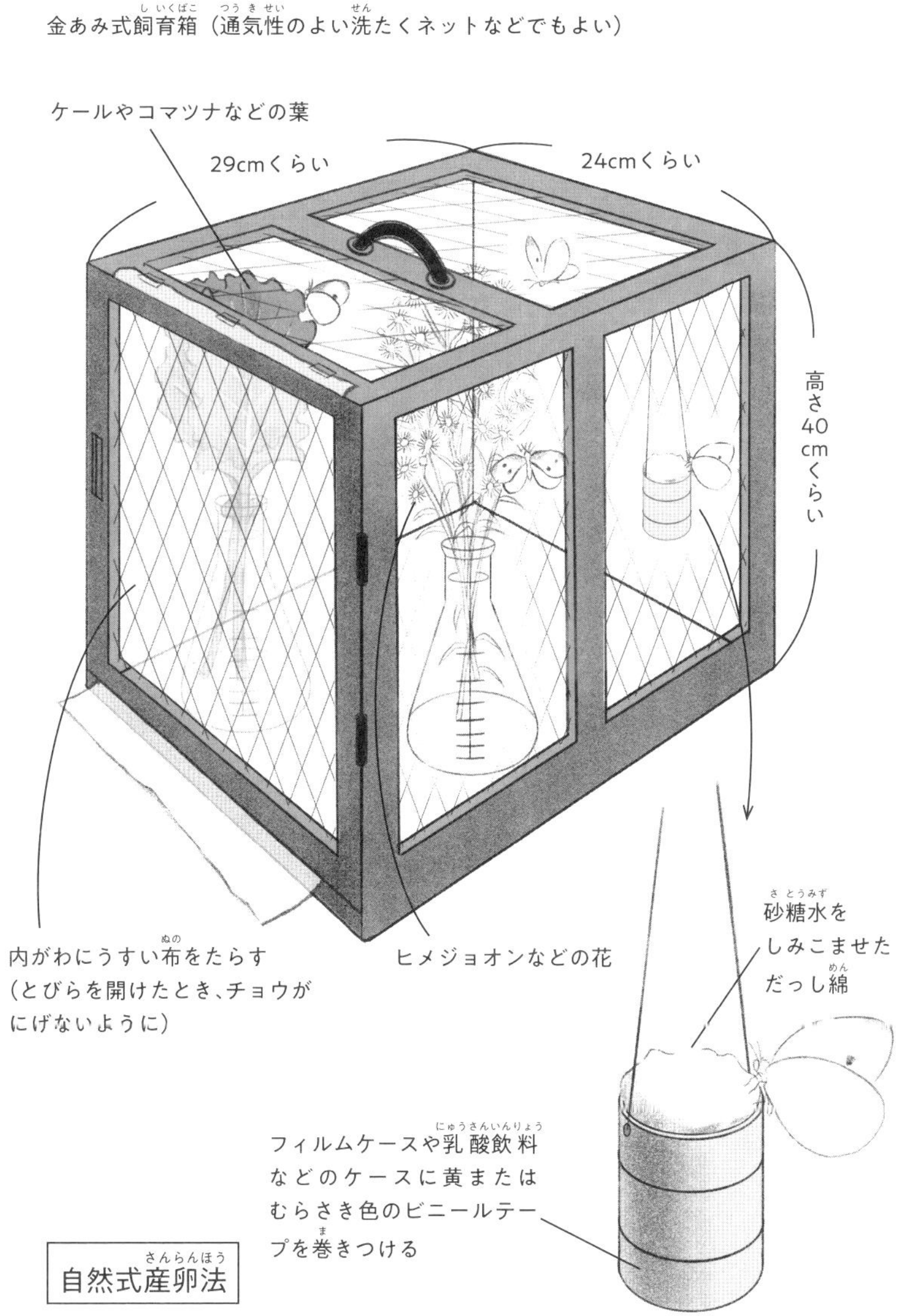

自然式産卵法《さんらんほう》

んで、観察ケースの中につるしておくと、チョウがやってきて砂糖水《さとうみず》をすっていきます。モンシロチョウにとっては、黄色やむらさき色が「花だよ」という信号になるので、黄色やむらさき色のテープを巻《ま》いておくと、花とかんちがいしてやってくるというわけです。ただし、モンシロチョウの場合、赤い色は「花だよ」という信号にはならないようです。

コラム 2

チョウの持ちはこび方

採集《さいしゅう》したチョウをきずつけずに持ちはこぶには、三角紙（パラフィン紙で作る）を使います。

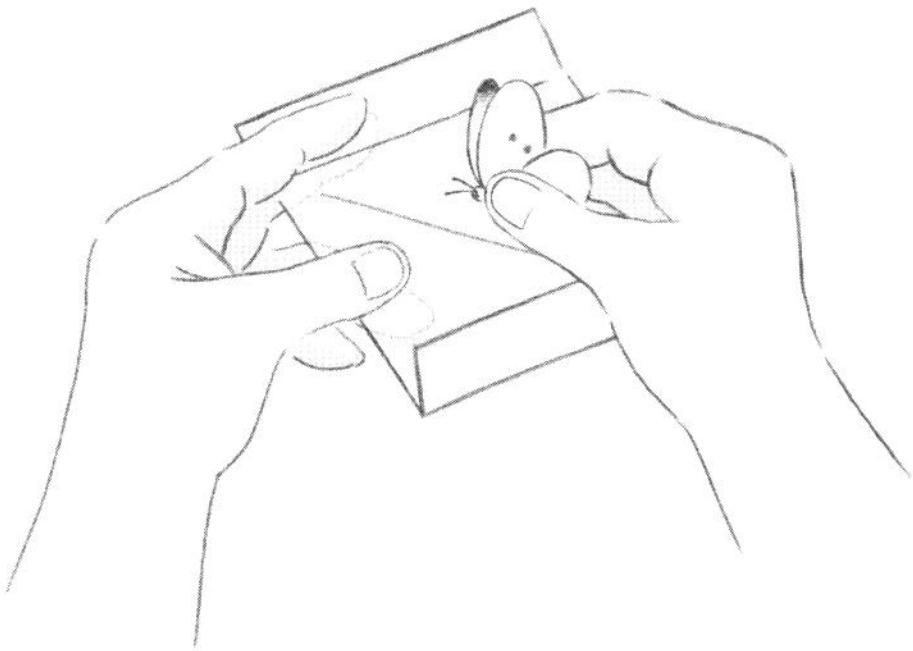

①チョウは片方《かたほう》の手で、上がわからはねのつけ根をおさえるように持つ。胸《むね》をつぶさないように注意。もう一方の手で三角紙を広げ、チョウを包みこむようにする。

②チョウがあばれないように手で軽くおさえながら、三角紙をとじる。

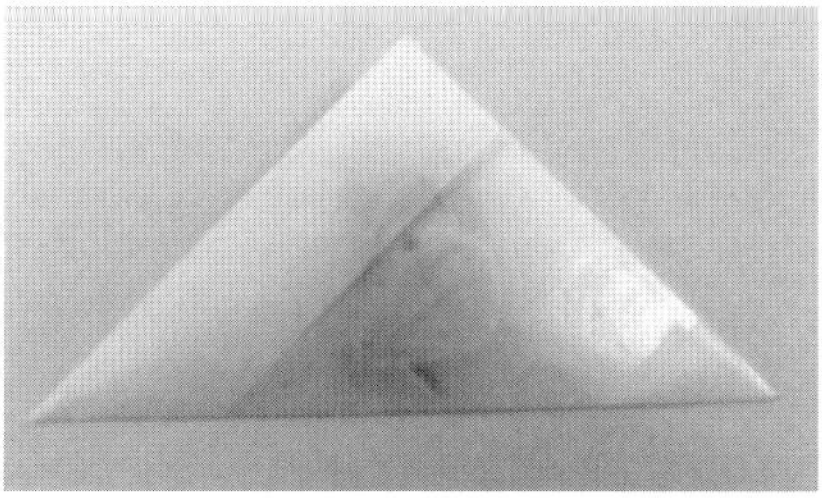

③完成。はこぶときは、タッパーに、中がかんそうしないように、水でぬらしてかたくしぼったティッシュペーパーといっしょに入れる。

5章 幼虫《ようちゅう》百五十ぴきを飼《か》う

メスのモンシロチョウがケールの葉に産みつけた卵《たまご》は、百五十から百八十個《こ》ほど。卵《たまご》は直径約〇・四ミリメートル、高さ約〇・八ミリメートルと小さく、細長い形をしています。産卵《さんらん》された直後は白く、やがて濃《こ》い黄色に変わります。卵《たまご》が産みつけられる場所は、そのときの葉の向きやメスが止まった位置にもよりますが、野外の畑などでは多くが葉の裏《うら》がわです。卵《たまご》が産みつけられている葉を切り取り、葉がしおれないように水にさして、しばらくそのまま研究室の中に置いておきました。

産卵《さんらん》からおよそ三日後、ケールの葉に小さなあながあいているのを発見。卵《たまご》から幼虫《ようちゅう》がふ化したしょうこです。生まれたばかりの幼虫《ようちゅう》はうすい黄緑色で、三ミリメートルほどの大きさで、半とうめいです。自分が出てきた卵《たまご》のからを食べたあと、すぐに葉を食べはじめます。ケールの葉には、そのあとも次々《つぎつぎ》と小さなあながあき続け、産卵《さんらん》から五日めには、ほぼすべての幼虫《ようちゅう》が出そろいました。さあ、これからいよいよ実験の始まりです。

〔飼《し》育《いく》ケースのじゅんび〕

まず飼《し》育《いく》ケースを用意しておきます。ふつうの観察ケースでじゅうぶんですが、ふたのすきまから幼虫《ようちゅう》が出てしまうことがあるので、39ページの図のようにガーゼをかぶせ、その上からふたをします。最初は、一ケースにつき、二十〜三十ぴきずつに分けて育てることにしました。

幼虫《ようちゅう》のえさにするケールなどの葉は、何枚《なんまい》か切り取って、葉のつけ根のじく（葉柄《ようへい》といいます）を水を入れた容器《ようき》にさします。このとき大切なのは、葉と容器《ようき》の口のすきまにだっし綿《めん》などをつめて、ふさいでおくことです。このようにしておかないと、葉柄《ようへい》を伝って幼虫《ようちゅう》が水の中に入りこんで、おぼれてしまうからです。水を入れた容器《ようき》は、ケースの底に置くとたおれて水がこぼれることがあるので、図のようにひもで支《ささ》えておくと、便利です。

ケースの底には、ペーパータオルなどをしいておきましょう。湿気《しっけ》をすってくれますし、幼虫《ようちゅう》たちのふんのそうじをするときも、ペーパータオルごとそのまま捨《す》てられるので便利です。ふんのそうじは毎日して、ケースの中にたまらないようにします。ふんがたまると、ケースの中の湿度《しつど》が高くなり、病気が出やすくなります。

〔湿気《しっけ》とのたたかい〕

じつは、モンシロチョウの幼虫《ようちゅう》をたくさん育てる場合、こまった問題があるのです。それは、病気が発生してしまうことです。

えさのとりかえ方

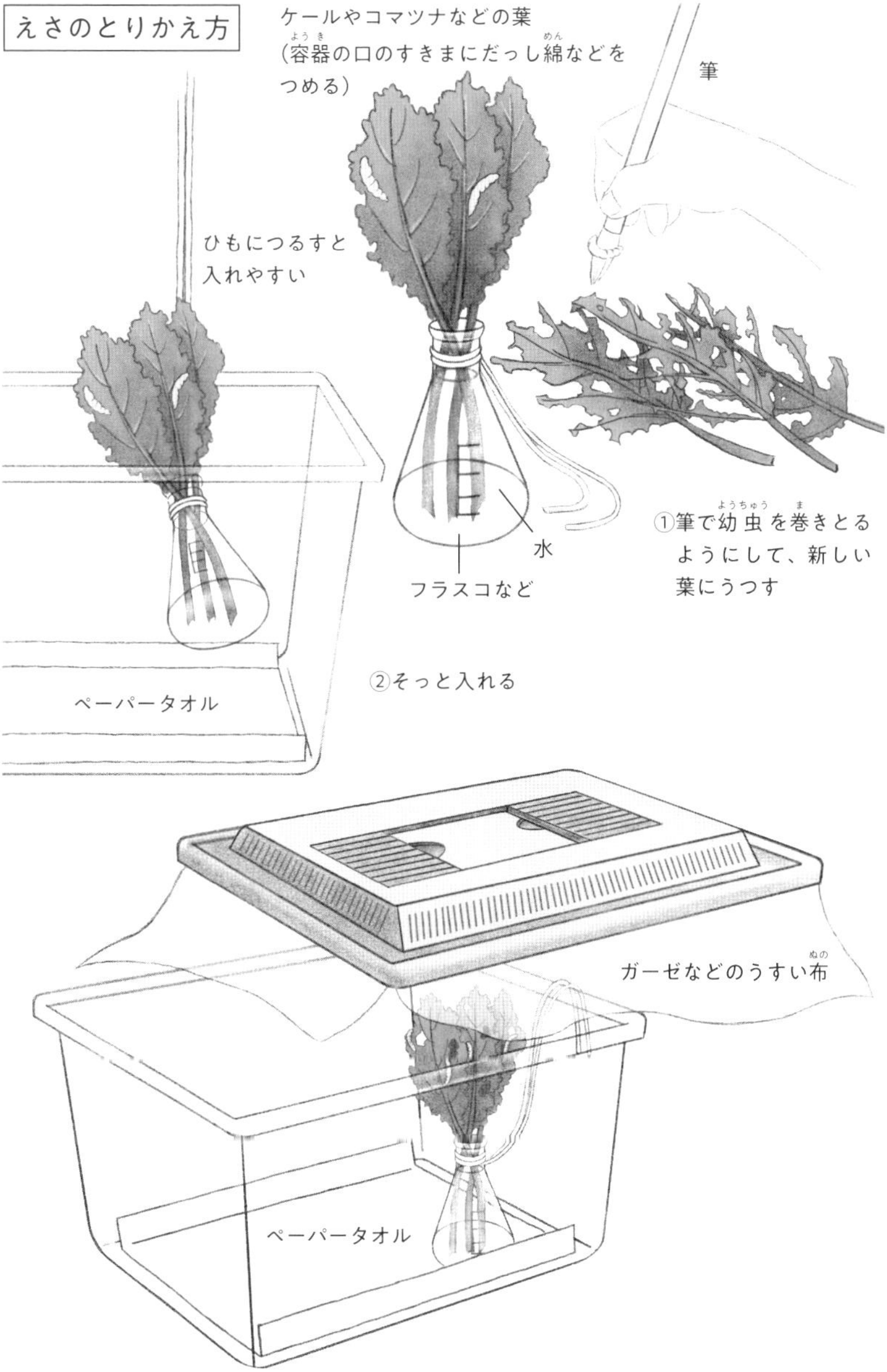
ケールやコマツナなどの葉
(容器《ようき》の口のすきまにだっし綿《めん》などをつめる)
筆
ひもにつるすと入れやすい
水
フラスコなど
①筆で幼虫《ようちゅう》を巻《ま》きとるようにして、新しい葉にうつす
②そっと入れる
ペーパータオル
ガーゼなどのうすい布《ぬの》
ペーパータオル

幼虫《ようちゅう》は湿気《しっけ》に弱く、ケースの中がしめっていると、ウイルス性《せい》の病気が発生して、からだが茶色くなってとろけたようになり、死んでしまいます。この病気はうつる力が強く、幼虫《ようちゅう》があっというまに全めつしてしまうのです。

この病気が出たケースは、どんなに消毒しても効果《こうか》がなく、しばらく使えなくなってしまいます。ケースだけでなく、ケースを入れていた恒温器《こうおんき》も同じように使えなくなるのです。わたしも、とにかく病気を発生させないよう、湿気《しっけ》がこもらないように次のようなくふうをして、こまかいところまで注意をはらいました。

●水がこぼれないようにすること

●ペーパータオルを底にしいて、それを毎日とりかえること

ケースをかたむけたとき、ふんがかわいていてコロコロと転がるようなら、湿気《しっけ》があまりなく、安全だという目安になります。

［まず、三つのパターンで実験開始！］

調べることにした五つのパターン（↓25ページ）のうち、まず、初めに②、③、④の三つのパターンで実験することにしました。六月十日、実験開始です。恒温器《こうおんき》の温度を二十度に設定《せってい》し、灯《あか》りのつく時刻《じこく》と、消える時刻《じこく》をタイマーで次のようにセットしました。

② 午前七時に灯《あか》りがつき、午後六時に消える（昼：十一時間　夜：十三時間）
③ 午前六時に灯《あか》りがつき、午後六時に消える（昼：十二時間　夜：十二時間）
④ 午前五時に灯《あか》りがつき、午後六時に消える（昼：十三時間　夜：十一時間）

恒温器《こうおんき》の中はまっくらですから、灯《あか》りがつくと昼になります。どのパターンも午後六時に夜になるようにしたのは、わたしが大学にいるあいだに、すべてのえさやりをまちがいなくすませる必要があるからです。

新しいえさを入れるためには、少なくとも一日一回、恒温器《こうおんき》のとびらを開けることになります。すると研究室の灯《あか》りが入って、中が明るくなってしまいます。もし、恒温器《こうおんき》の灯《あか》りが消えているとき、つまり、「夜」になっているときにとびらを開けると、幼虫《ようちゅう》たちにとっての「夜」がとぎれてしまうことになり、実験の結果にえいきょうが出るかもしれません。

それを防《ふせ》ぐためには、恒温器《こうおんき》の中で灯《あか》りがついているあいだに、えさやりをすませなくてはなりません。

もし、灯《あか》りがつく時刻《じこく》を同じに設定《せってい》すると、消える時刻《じこく》にちがいが出ます。そうすると先にえさをとりかえなければならないところや、あとでもよいところがあったりしてややこしいですね。そのため、消える時刻《じこく》をそろえたわけです。そうすれば、どのパターンでも六時までは灯《あか》りがついています。わたしは毎日研究室で夕方六時までのあいだにせっせとえさをとりかえ、六時をすぎたら、決して恒温器《こうおんき》のとびらを開けないように注意しました。

どんどん大きくなる

モンシロチョウの幼虫《ようちゅう》は、だっぴをしながらどんどん大きくなります。四回だっぴすると「終齢幼虫《しゅうれいようちゅう》」となり、えさをいっそうもりもり食べるようになります。

からだも大きくなるので、この時期に入ったら、一つのケースに入れる幼虫《ようちゅう》を二十ぴき以下にしました。あまりたくさんの幼虫《ようちゅう》がいると、ケールの葉をあっというまに食べつくしてしまい、えさをさがして幼虫《ようちゅう》がウロウロしはじめます。落ちついてしっかり葉を食べられるよう、大入り満員にならないようにしたのです。幼《よう》虫《ちゅう》を引っこしさせるときは、筆の先などにのせると、幼虫《ようちゅう》をきずつけずに移動《いどう》させることができます(↓39ページ)。このようにして、ケースの数をふやし、一つのケースに入れる幼虫《ようちゅう》の数をへらしていきました。

六月十日に実験を始めて、二十二日には、ほとんどすべての幼虫《ようちゅう》が終齢《しゅうれい》幼虫《ようちゅう》になりました。三つの恒温器《こうおんき》に飼育《しいく》ケースが三つずつ、合計九ケースに、合わせて百五十ぴき以上の、食欲《しょくよく》おうせいな幼虫《ようちゅう》がいます。大きくなった幼虫《ようちゅう》がさなぎになるまでの一週間ほどは、えさのこうかんとふんのそうじにあけくれる毎日でした。

6章 羽化《うか》を見守る

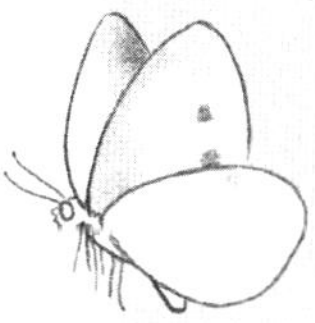

実験を始めてから十六日めの、六月二十六日。幼虫《ようちゅう》の中から、さなぎになるものがあらわれました。

二十四日ごろから、食べるのをやめてウロウロ歩きまわる幼虫《ようちゅう》がふえてきたので、もうそろそろだと楽しみにしていました。幼虫《ようちゅう》は、さなぎになる二日ほど前になると、さなぎになる場所をさがして歩きまわり、じゅんびを始めるのです（この行動をワンダリングといいます）。こうなると、もうえさは食べません。わたしのえさやりの仕事も終わりに近づいたことになり、ほっとした気持ちになりました。

ひとしきり歩きまわったあと、幼虫《ようちゅう》はケースのかべや天井《てんじょう》に白分の場所を見つけて止まります。かべや天井《てんじょう》に糸をはいて小さなざぶとんのような糸のかたまりを作ってそこにおしりの先を引っかけると、さらに頭を左右にふって糸をはいて、胸《むね》からせなかに輪のようにまわしてからだにかけ、少しちぢんだ形のまま動かなくなります。これがさなぎになる前のすがたで、「前蛹《ぜんよう》」といいます。

しずかに止まっていた前蛹《ぜんよう》は、次の日になるともぞもぞと動きはじめ、頭のほうから皮をぬいでいきます。からだにまわした糸を残したまま上から下へぬぐので、じょうずだなぁと感心してしまいます。ぬいだ皮は、おしりの先に、まるで丸めたくつしたのように残っていますが、さなぎがからだを左右にふると落ちてしまいます。これで、無事にさなぎになったわけです。

こうして、数日のあいだに、すべての幼虫《ようちゅう》がさなぎになりました。

羽《う》化《か》用のケースへ引っこしさせる

さなぎは、羽《う》化《か》用のケースにうつします。飼《し》育《いく》ケースのつるつるのかべでさなぎになったものは、羽《う》化《か》するときにあしがすべって落っこちてしまい、はねがのびなかったりして、羽《う》化《か》に失敗してしまうこともあるからです。そうなると、飛ぶことはできません。さなぎたちが無事にチョウになれるよう、あしがすべらない「羽《う》化《か》用ケース」をじゅんびしなくてはなりません。

「羽《う》化《か》用ケース」は、とてもかんたんです。観察ケースのかべの内がわと底に、ペーパータオルをはっておくだけです。ペーパータオルのほかティッシュでもじゅうぶん、チョウたちのすべり止めになります。

さなぎになったばかりの状《じょう》態《たい》は、まだからだがやわらかいのでさわらないでおき、一～二日たったら引っこしさせます。からだにまわした糸の左右を切り、おしりの先の糸をピンセットの先などでそっとこそげ落とします。このようにしてさなぎをはずしたら、そっと羽化《うか》用ケースの底に寝《ね》かせます。力を入れてつかむとつぶれてしまうことがあるので、ピンセットや割《わ》りばしなどを使ってそうっと持つようにしてください。横向きに寝《ね》かせておいても、モンシロチョウはちゃんと羽化《うか》できますので、だいじょうぶです。また、葉の上でさなぎになった場合は、葉ごと切り取っておいてもよいでしょう。

こうしてさなぎを入れた羽化《うか》用ケースは、研究室の窓《まど》のない、まっくらな部屋に置いておきます。まっくらな部屋に置いたのは、暗くしておけば、羽化《うか》したチョウがそのままじっとしているからです。羽化《うか》用ケースはせまいので、一度にたくさんのチョウが羽化《うか》してはばたくと、はねをきずつけ合うことになります。みなさんが自宅《じたく》や学校で飼育《しいく》する場合は、ケースをさらに大きな箱に入れたり、ケースに黒い布《ぬの》をかぶせて暗くなるようにしてもよいでしょう。

さあ、あとは羽化《うか》を待つだけ。「ねむる　さなぎ」は、あらわれるでしょうか？

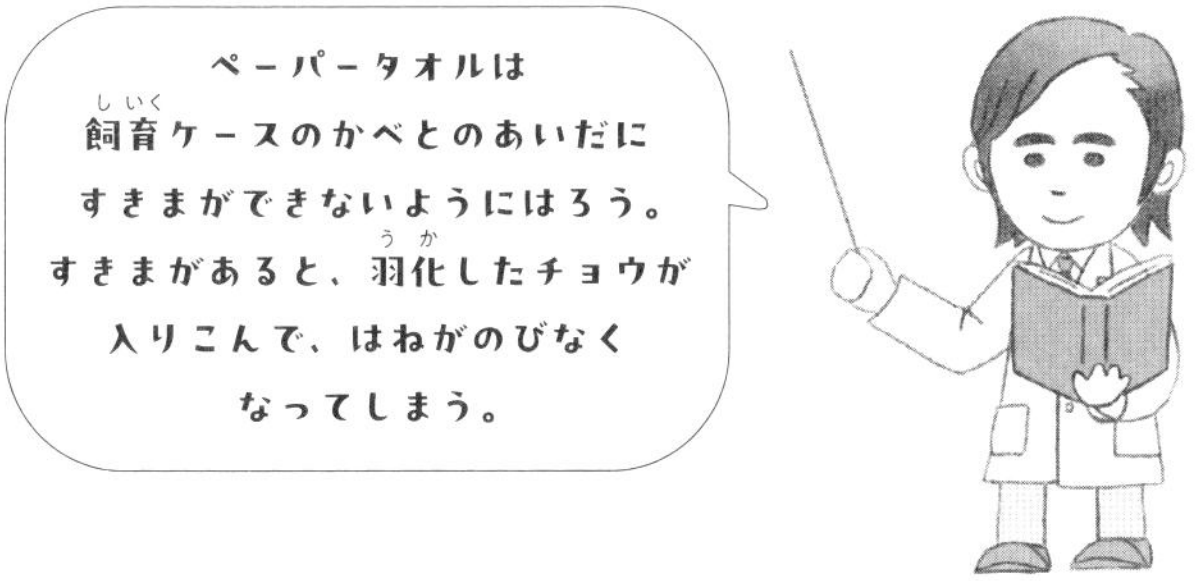
ペーパータオルは
飼育《しいく》ケースのかべとのあいだに
すきまができないようにはろう。
すきまがあると、羽化《うか》したチョウが
入りこんで、はねがのびなく
なってしまう。

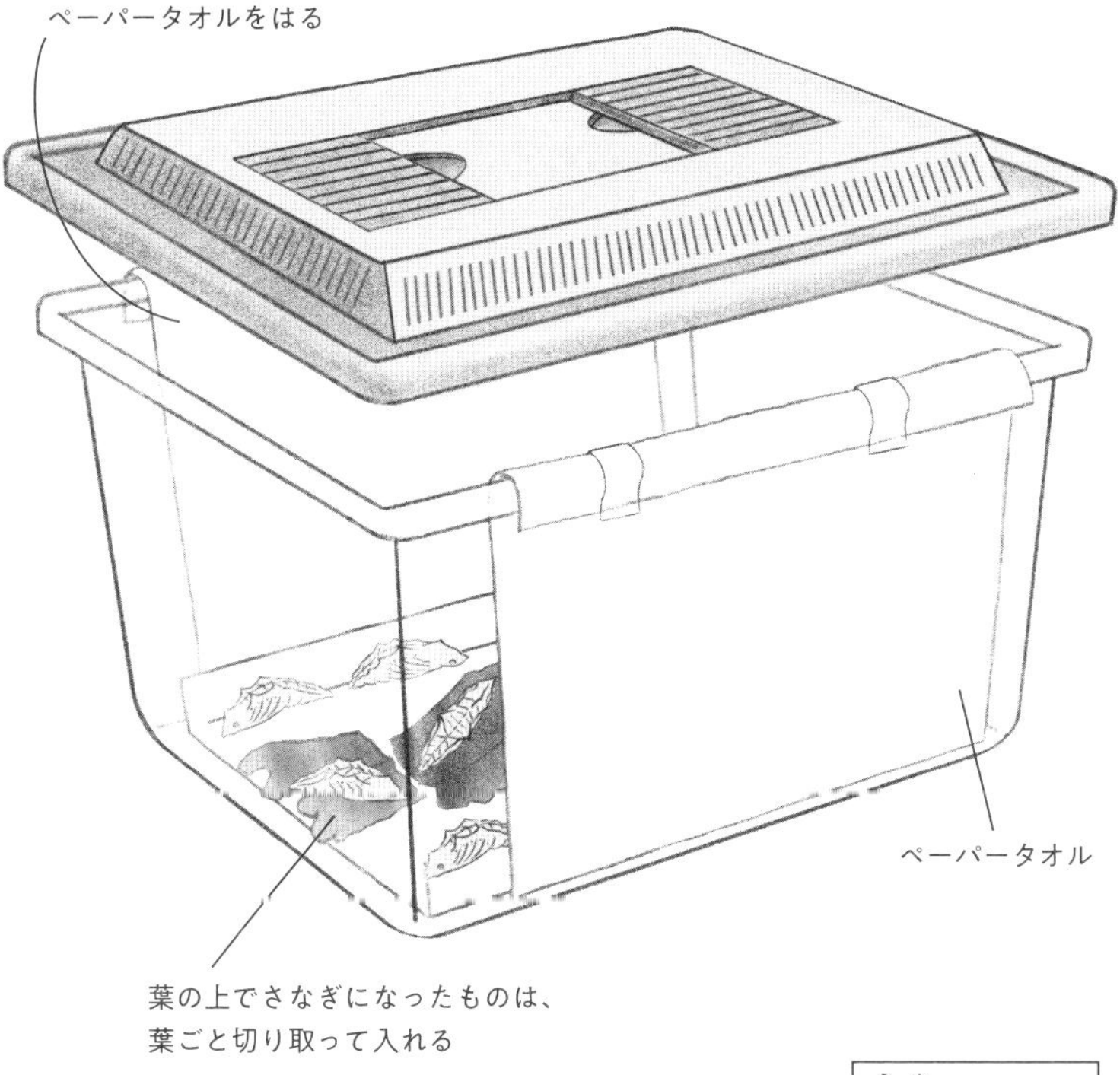
ペーパータオルをはる
ペーパータオル
葉の上でさなぎになったものは、
葉ごと切り取って入れる

羽化《うか》用ケース

7章 十二時間二十分で「ねむる　さなぎ」になる

さっそく、パターンごとに結果を見ていきましょう。

〔②昼：十一時間　夜：十三時間では？〕

パターン②は、午前七時から夕方六時まで灯《あか》りがつき、昼が十一時間・夜が十三時間という設定《せってい》でした。このさなぎたちは全部で四十六頭でしたが、二十日以上たっても一頭も羽化《うか》してきません。つまり、昼間の時間が短く、夜の時間のほうが長い状態《じょうたい》で育った幼虫《ようちゅう》はすべてが「ねむる　さなぎ」になったのです。

〔③昼：十二時間　夜：十二時間では？〕

パターン③は、午前六時から夕方六時まで灯《あか》りがつき、昼が十二時間・夜も十二時間という設定《せってい》でした。このさなぎたちは全部で四十六頭で、このうち七頭は、一週間前後で羽化《うか》しました。

しかし、残りの三十九頭は、いつまでたっても羽化《うか》してきません。パターン②と同じように、二十日以上たっても羽化《うか》に進む様子がないので、このさなぎたちは「ねむる　さなぎ」になっているとわかりました。もちろん、死んでいるわけではありません。死んでいるさなぎは、色が黒く変わってくるのでわかります。三十九頭のさなぎたちは、さなぎになったときのうすい褐色《かっしょく》のまま、ねむり続けているようです。

昼の長さが十二時間だと、八十五パーセントのさなぎが「ねむる　さなぎ」になるという結果になりました。

〔④昼：十三時間　夜：十一時間では？〕

パターン④は、午前五時から夕方六時まで灯《あか》りがつき、昼が十三時間・夜が十一時間という設定《せってい》でした。このさなぎたちは全部で三十六頭でしたが、すべてが一週間ほどで羽化《うか》してきました。

最初の羽化《うか》が七月三日、そのあと七日までのあいだに続々《ぞくぞく》とチョウになり、「ねむる　さなぎ」になったものはありませんでした。昼の長さが十三時間と昼間のほうが長いと、「ねむる　さなぎ」にはならないようです。

「ねむりのスイッチ」が入るのは、何時間何分？

「ねむりのスイッチ」がオンになるさかいめの時間を知るためには、実験の結果をグラフにして、考えます。

②、③、④の三パターンで実験したあと、わたしは残りの①と⑤のパターンで同じように実験をしました。パターン①は「昼八時間に夜十六時間」、パターン⑤は「昼十四時間に夜十時間」です。

パターン①で飼育《しいく》した十四頭のさなぎは一頭も羽化《うか》してこず、すべてが「ねむるさなぎ」になりました。一方、パターン⑤で飼育《しいく》した十一頭のさなぎはすべてがチョウになり、「ねむる　さなぎ」になったものはありませんでした。

五つのパターンで行った実験の結果を表とグラフにまとめると、次のようになります。

モンシロチョウの幼虫《ようちゅう》が育つときの昼の長さと「ねむる　さなぎ」の割合《わりあい》
(東京のモンシロチョウの場合，飼育《しいく》温度は 20℃)

昼の長さ	8 時間	11 時間	12 時間	13 時間	14 時間
ねむらないさなぎ	0	0	7	36	11
ねむる　さなぎ	14	46	39	0	0
計	14	46	46	36	11
「ねむる　さなぎ」の割合《わりあい》(%)	100	100	85	0	0

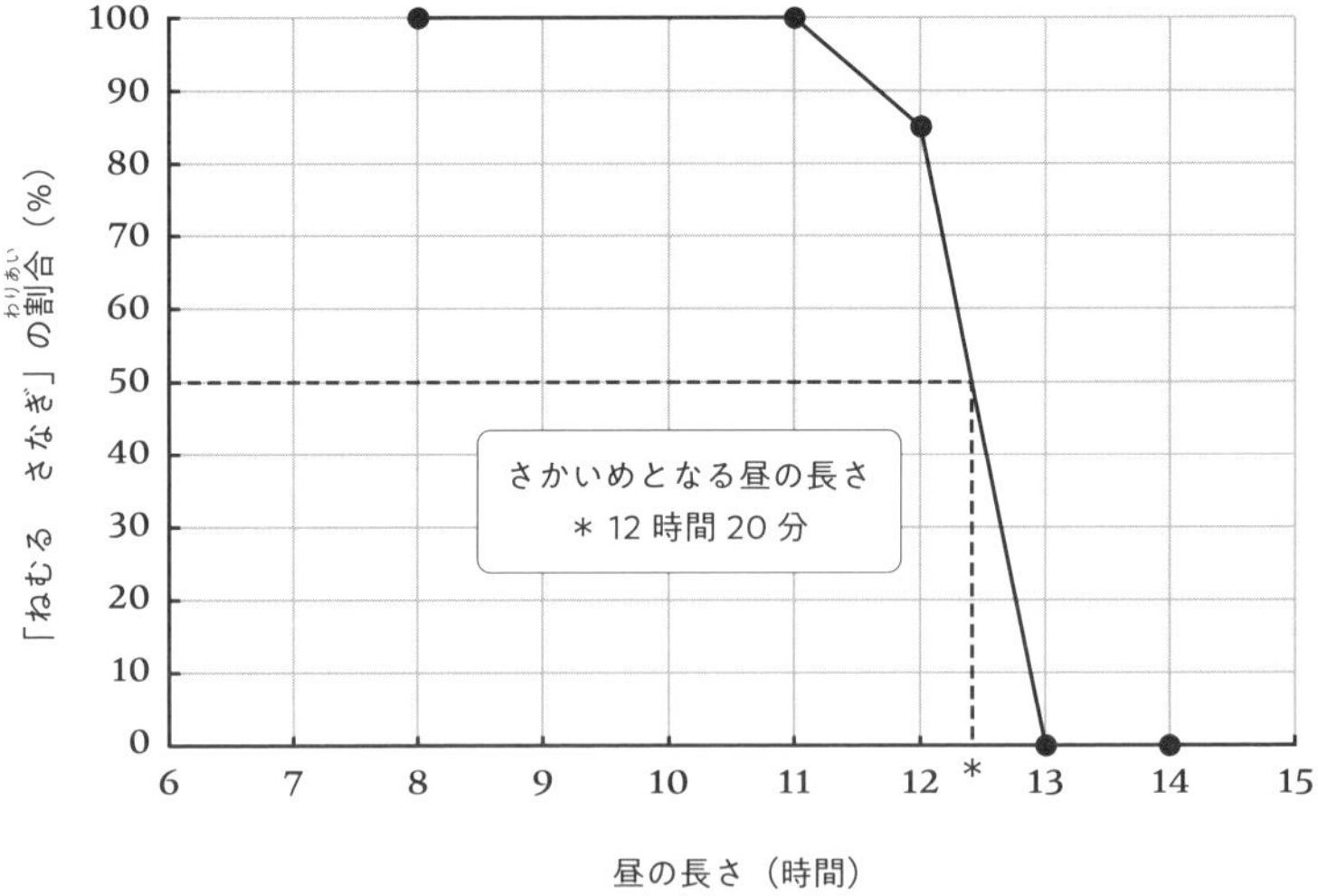

東京のモンシロチョウの幼虫《ようちゅう》が育つときの昼の長さと「ねむる　さなぎ」になる割合《わりあい》
「ねむる　さなぎ」の割合《わりあい》が 50%になる昼の長さをさかいめ（臨界日長《りんかいにっちょう》）とする。
（飼育《しいく》温度は 20℃）

この表とグラフを見ると、昼の長さが十三時間のときには「ねむる　さなぎ」はあらわれませんでしたが、昼の長さが十二時間のときには大部分が「ねむる　さなぎ」になったことがわかります。つまり、「ねむりのスイッチ」のセット時間は、十二時間と十三時間のあいだにあるのです。

このような場合、半分にあたる五十パーセントが「ねむる　さなぎ」になる時間をグラフから読み取って、それを「ねむりのスイッチ」がオンになるさかいめの時間と考えることにしています。

グラフのたてじくの五十パーセントの点から横に線をのばしていき、グラフの線にあたったところで線をたてに引いて、横じくまでのばし、その時間を読み取ります。すると、十二時間二十分であることがわかります。つまり、東京付近でくらしているモンシロチョウの場合、昼の時間が十二時間二十分より短くなった状態《じょうたい》で幼《よう》虫《ちゅう》が育つと、「ねむりのスイッチ」がオンになるという結論《けつろん》になりました。このように、「ねむりのスイッチ」がオンになるかオフになるかのさかいめの昼の長さを

「臨界日長《りんかいにっちょう》」といいます。東京のモンシロチョウの臨界日長《りんかいにっちょう》は十二時間二十分ということになります。

東京のあたりで昆虫《こんちゅう》にとっての昼の長さが十二時間二十分より短くなるのは九月の終わりごろよりあとの季節ですから、自然の状態《じょうたい》では、九月下旬《げじゅん》~十月になってから育っていく幼虫《ようちゅう》が、やがて「ねむる　さなぎ」となって無事に冬をむかえるのだということがわかりました。

〔昆虫《こんちゅう》にとっての昼の長さ〕

ここで、少しややこしい問題を考えなければなりません。昼の長さというと、みなさんは、日の出から日の入りまでの時間のことだと考えるでしょう。

しかし、昆虫《こんちゅう》は日の出や日の入りの時刻《じこく》を調べているわけではありません。明るくなれば昼だし、暗くなれば夜なのです。みなさんにも経験《けいけん》があるように、日の出前でもだんだん明るくなりはじめ、日の入り後も、しばらくは明るさが残っています。昆虫《こんちゅう》はこれらの時間も明るい時間、すなわち、昼として感じています。この時間がどのくらいかは、その日の天気によっても多少のちがいがありますが、日の出前と日の入り後の時間を合わせて約三十分とみればよいでしょう。

そこで、ややこしい問題とは次のようなことです。

実験で調べた東京のモンシロチョウの「ねむりのスイッチ」のセット時間（臨界《りんかい》日長《にっちょう》）は十二時間二十分でしたね。もちろん、これは昆虫《こんちゅう》が昼として感じている時間の長さです。日の出から日の入りまでの時間で考えると、十二時間二十分から、日の出前と日の入り後の少し明るい時間を足《た》した三十分を差し引いた十一時間五十分になったときが、臨界日長《りんかいにっちょう》のタイミングです。東京では、九月の終わりごろに、日の出から日の入りまでの時間が十一時間五十分くらいの値《あたい》になります。したがって、この時期よりあとに育つ幼虫《ようちゅう》が「ねむる　さなぎ」になるというわけです。

9章で、日本各地のモンシロチョウの臨界日長《りんかいにっちょう》についてお話しします。臨界日《りんかいにっ》長《ちょう》の値《あたい》は地域《ちいき》によって大きな差があります。各地の日の出・日の入りの時刻《じこく》はインターネットなどで調べることができますので、9章を読んでから、みなさんの住んでいる地域《ちいき》の近くのモンシロチョウの「ねむりのスイッチ」が入る時期はいつごろになるか調べてみるのもおもしろいですね。

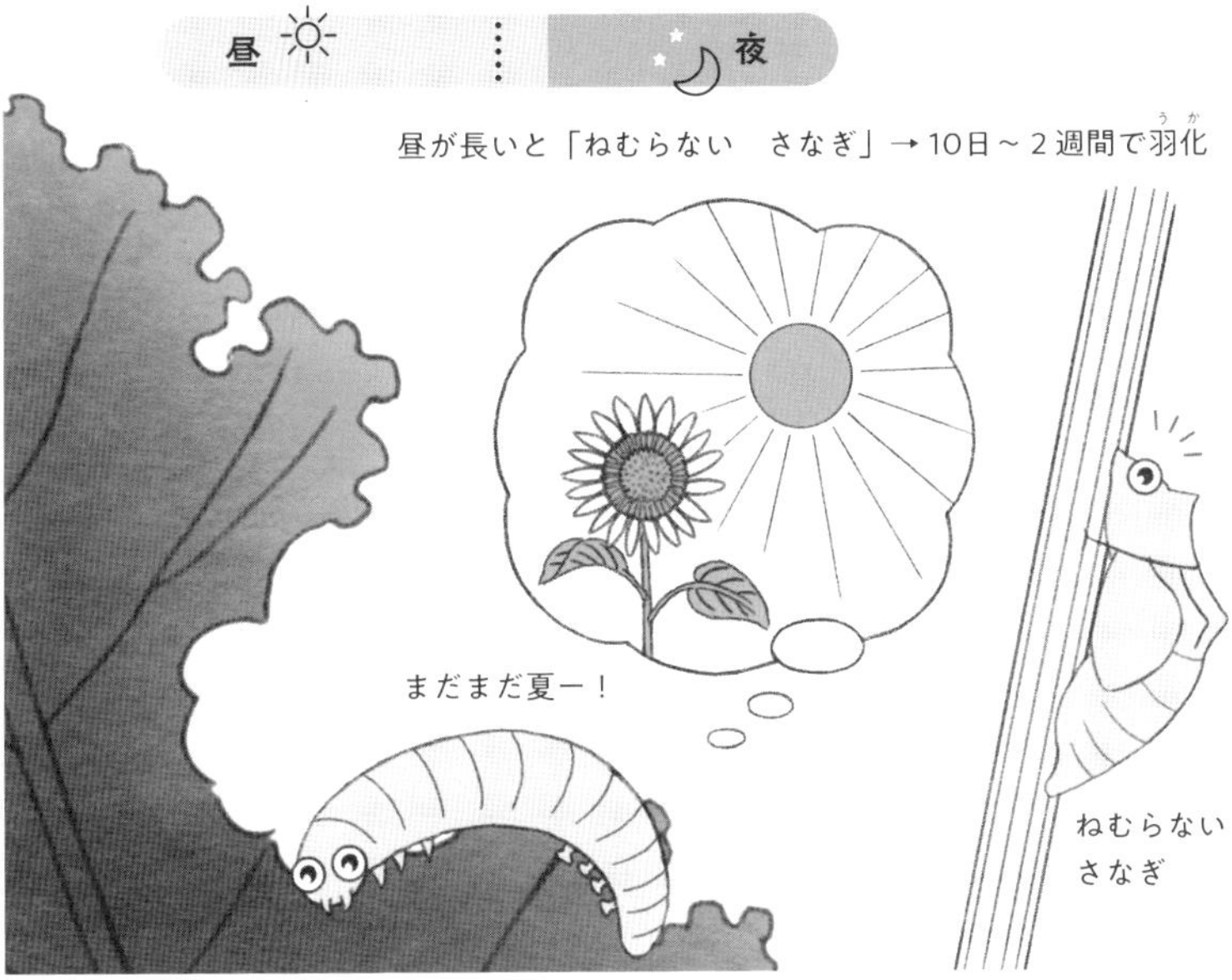
昼
夜
昼が長いと「ねむらない　さなぎ」→10日～2週間で羽化《うか》
まだまだ夏ー！
ねむらない
さなぎ

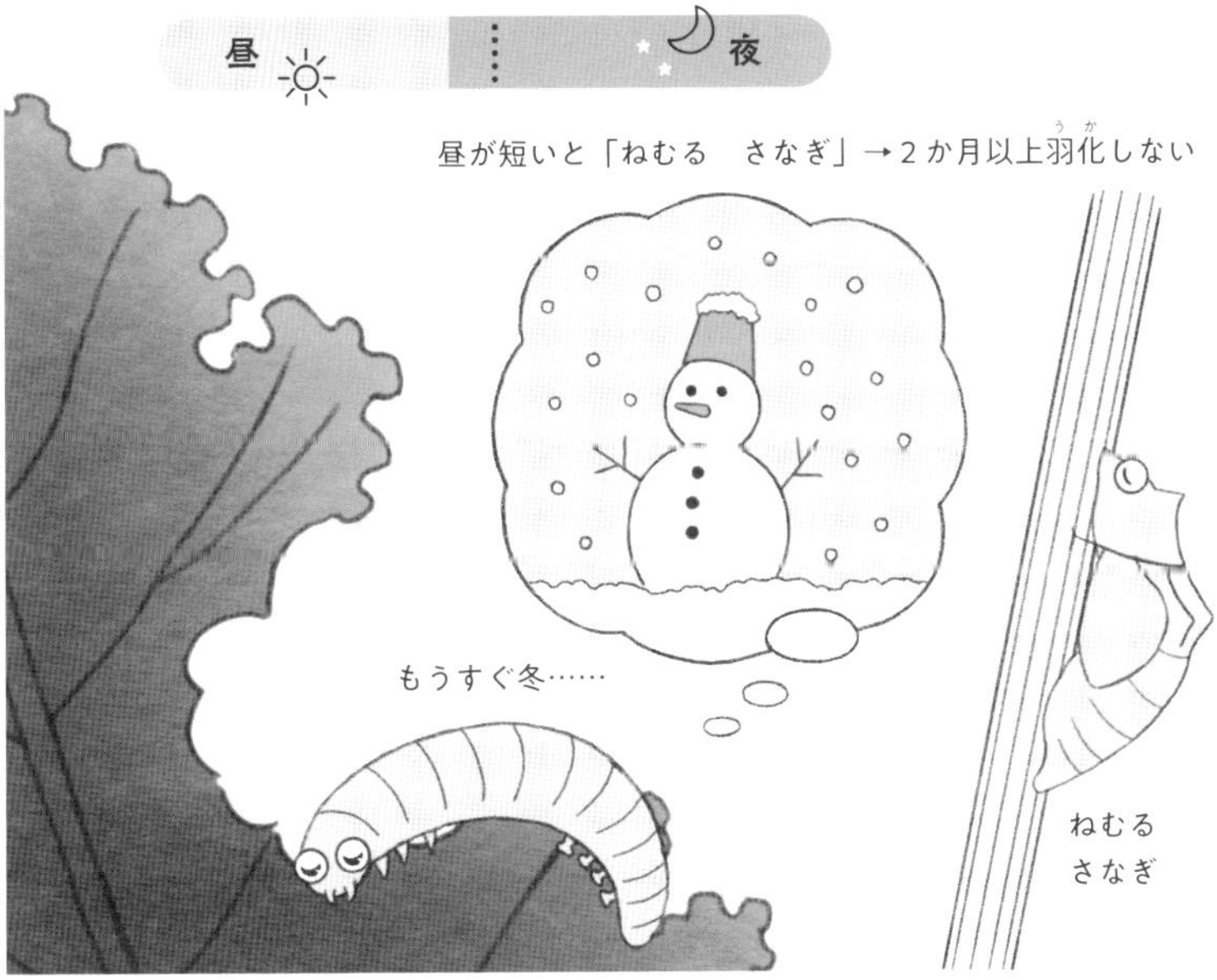
昼
夜
昼が短いと「ねむる　さなぎ」→2か月以上羽化《うか》しない
もうすぐ冬……
ねむる
さなぎ

8章 全国の「ねむりのスイッチ」を調べる

夏は日の出が早く、日の入りがおそくなります。東京では、夏休みのラジオ体操《たいそう》をするころにはすっかり明るく、夕方六時ごろでもまだ明るくて、暑さが残っています。それにくらべ、冬休みのころは、朝七時近くになってようやく明るくなり、夕方は四時をすぎると、もう暗くなりはじめます。

このように、一年のうちで、一日の昼の長さ（夜の長さも）は変化していきますが、このことは、昆虫《こんちゅう》たちにとって季節の変化を知る大事な手がかりとなっています。

〔北海道のモンシロチョウの「ねむりのスイッチ」は？　沖縄《おきなわ》では？〕

モンシロチョウは、北海道から沖縄《おきなわ》、その先の八重山諸島《やえやましょとう》まで、日本全国で見られます。日本列島は北から南に長いので、一年の気温の変化も南北でかなりちがい、北海道の冬はきびしく、沖縄《おきなわ》では冬でもそれほど寒くありません。そう考えると、北海道のモンシロチョウと沖縄《おきなわ》にすむモンシロチョウでは、一年のくらし方がちがっているのではないかと疑問《ぎもん》がわいてきます。

東京と北海道の札幌《さっぽろ》および沖縄県《おきなわけん》の那覇《なは》での、気温の変化をグラフで見てみましょう。

モンシロチョウの幼虫《ようちゅう》は、気温がほぼ十度より下がると成長できなくなります。この、成長の限界《げんかい》となる温度を「発育限界温度《はついくげんかいおんど》」といいます。すでにお話ししたように、東京では十月になってから育った幼虫《ようちゅう》が「ねむる　さなぎ」となって冬をこします。

ところが、グラフを見てわかるように、札幌《さっぽろ》での十月は、平均気温《へいきんきおん》はほぼ十二度ですが、平均気温《へいきんきおん》が十二度というと、朝夕は十度以下になり、昼間でやっと十五度前後になる感じでしょうか。このような気温の中では、幼虫《ようちゅう》がいたとしても、おそらく成長しきれずに死んでしまうでしょう。ということは、札幌《さっぽろ》にすむモンシロチョウの幼虫《ようちゅう》は、十月よりもっと早い時期に、もう「ねむりのスイッチ」が入った状態《じょうたい》になっていないと、寒さがやってくるのに間に合わないことになります。

それにはどうすればよいでしょう。そうです。それには「ねむりのスイッチ」が入るさかいめとなる昼の長さ（臨界日長《りんかいにっちょう》）が、東京の場合より長くなっていて、夏のまだ日が長いうちに「ねむりのスイッチ」が入るようなしくみになっていればよいのです。では、本当にそうなっているでしょうか。

反対に那覇《なは》では、一月や二月でも平均気温《へいきんきおん》は十五度以上あります。そうなると、那覇《なは》のモンシロチョウの幼虫《ようちゅう》は冬でも「ねむる　さなぎ」にならなくてもよいのではないでしょうか？

北と南のモンシロチョウを調べてみたい。北海道や沖縄《おきなわ》だけでなく、九州や東北では、どうだろう？　わたしのワクワク感はますます強くなってきました。こうしてわたしは、全国のモンシロチョウの「ねむりのスイッチ」を調べることにしたのです。

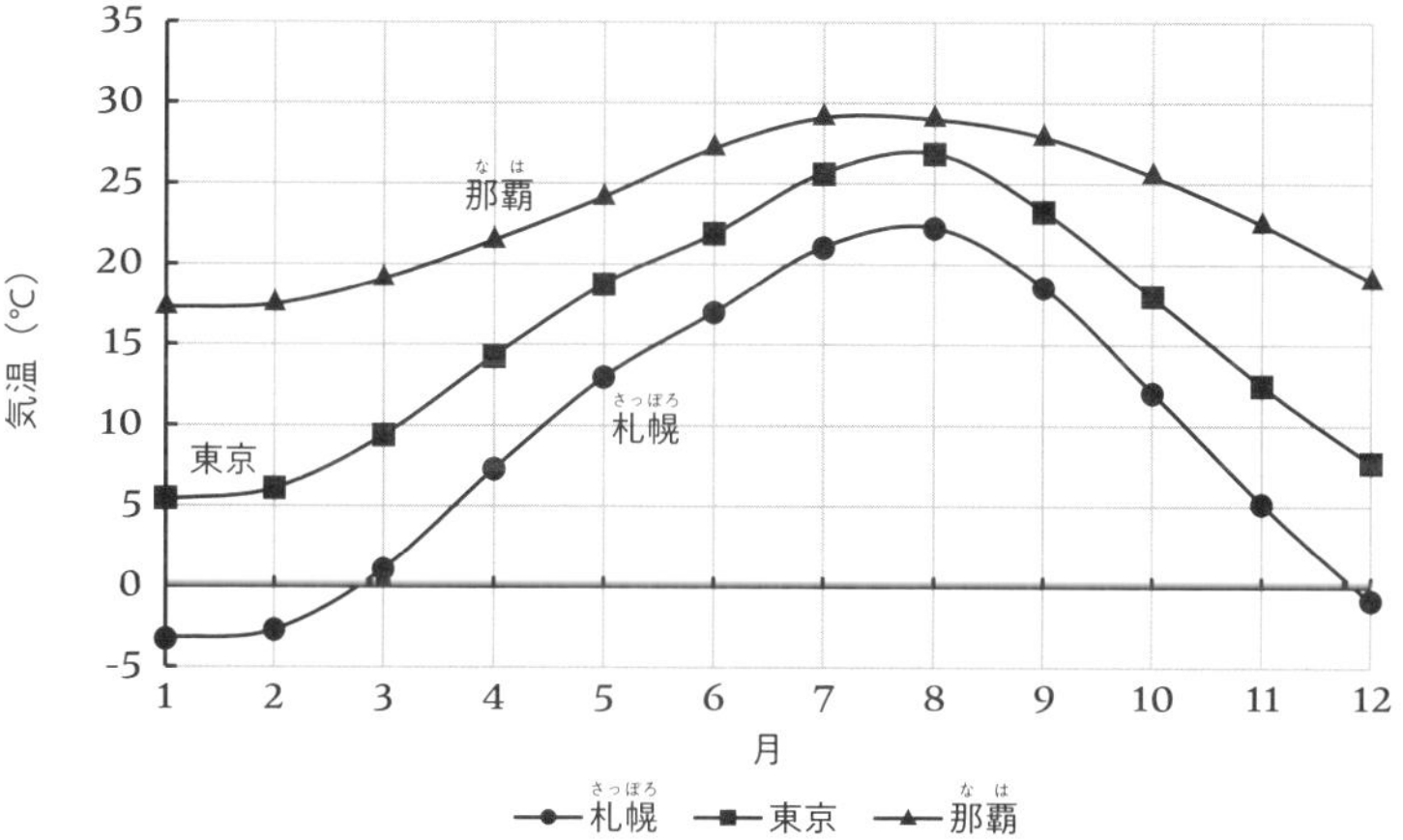

1年の月ごとの平均《へいきん》気温の変化

札幌《さっぽろ》、東京、那覇《なは》での1年の月ごとの平均《へいきん》気温（月別平均《へいきん》気温）の変化。1991年～2020年の平年値《ち》で示《しめ》している。

9章

北は「早寝《はやね》」、南は「おそ寝《ね》」

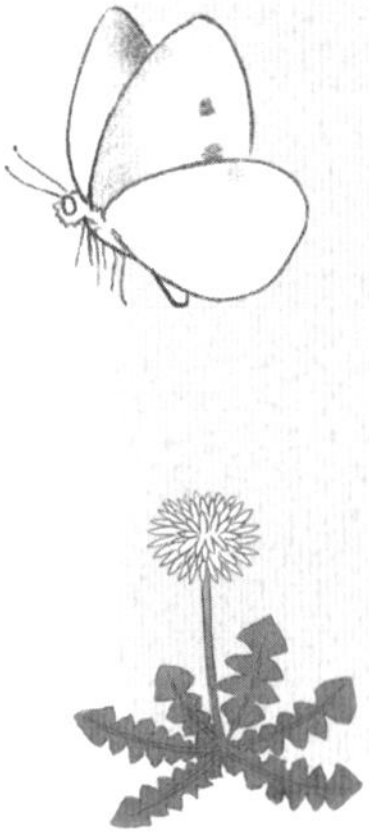

研究を進めるにあたって、まず必要なのは、日本各地のモンシロチョウのメスを手に入れることでした。

メスを手に入れたら、卵《たまご》を産んでもらう。ふ化してきた幼虫《ようちゅう》は、昼と夜の時間を数パターンに分けてさなぎになるまで育て、その後羽化《うか》まで見守る。羽化《うか》までの日数によって、それぞれのパターンの中で「ねむる　さなぎ」がどのくらいの割合《わりあい》であらわれたかデータを集め、グラフにして考える。つまり、今までやったことと同じ実験をくりかえせばいいのです。

一度にはできないので、手に入った地域《ちいき》のモンシロチョウからじゅんばんに調べることにしました。何年かかかりましたが、日本各地のデータがそろう貴重《きちょう》な実験です。わたしのワクワクする気持ちは、ずっと変わりませんでした。

そこでわたしは、日本昆虫《こんちゅう》学会の全国大会へ参加する機会を利用して、各地のモンシロチョウを集めました。日本にはいろいろな学会があり、少なくとも一年に一度は全国大会が行われ、研究者たちが発表や議論《ぎろん》を行います。その会場には各地の大学が持ちまわりで使われることが多いのですが、大学のキャンパスというのは、たいてい花《か》だんや草地があって、モンシロチョウのすがたを見ることができます。農学部がある大学なら畑もあり、さらに申し分のない環境《かんきょう》になります。昆虫《こんちゅう》学会はだいたい九月に全国大会を開くので、ちょうどモンシロチョウが飛んでいる時期にあたり、わたしにとっては都合《つごう》がよかったのです。

というわけで、わたしは学会に参加するときには、いつも捕虫《ほちゅう》あみを持っていきました。メスを手に入れたら、研究室まで生きたまま持って帰らなければなりませんので、ホテルにもどってからモンシロチョウにみつをすわせられるように、砂《さ》糖《とう》、だっし綿《めん》、小皿、柄《え》つきの針《はり》なども。そして、夜になってからホテルの部屋で砂糖水《さとうみず》をすわせ、いっしょに研究室まで帰ることにしました。

チョウは生かしたまま、一頭ずつそっと三角紙に入れ、それをプラスチック容器《ようき》などに入れて持ち帰りました。このとき、容器《ようき》の中に小さくたたんだティッシュペーパーを水でしめらせて入れておくのがコツです。容器《ようき》の中がかわきすぎないようにするためです（35ページのコラム②を見てください）。

〔モンシロチョウがいない！　仙台《せんだい》でのピンチ〕

しかし、いつもうまくいくとはかぎらないのです。仙台市《せんだいし》（宮城県《みやぎけん》）の東北大学で学会があったときも、わたしははりきってキャンパス内を歩きまわりました。モンシロチョウがみつをすいにくるアベリアの花もあり、仙台《せんだい》のモンシロチョウは楽々ゲットできると思いました。ところが、なぜか飛んでいないのです。研究発表の合間をぬってさがしているので、時間もかぎられています。あせる気持ちをおさえながら、ねばってさがしてみましたが、一頭も飛んでいません。

あきらめかけて、ベンチにすわりました。このときふと、ベンチの下を見ると、なんと、小さなイヌガラシがはえていて、そこにモンシロチョウの幼虫《ようちゅう》が二十ぴきほどいるではありませんか。イヌガラシはモンシロチョウのえさとなるアブラナ科の野草です。これを育てて羽化《うか》させて、オスとメスを交尾《こうび》させ、卵《たまご》をとればいい！　わたしはホクホクしてイヌガ

ラシを引きぬき、幼虫《ようちゅう》二十ぴきとともに新幹線《しんかんせん》に乗り、研究室へ帰りました。もちろん、作戦成功。この幼虫《ようちゅう》を育てて羽化《うか》した成虫に卵《たまご》を産んでもらい、仙台《せんだい》のモンシロチョウについても実験をすることができました。

だいたいこんなふんいきでモンシロチョウを集めましたが、すべて一人で集めるのは大変です。昆虫《こんちゅう》研究者のネットワークも、わたしを助けてくれました。北海道のモンシロチョウは、北海道立中央農業試験場の八谷《はちや》さん、鹿児島市《かごしまし》と奄美大島《あまみおおしま》の奄美市《あまみし》のモンシロチョウは、国際基督教大学《こくさいきりすときょう》の加藤《かとう》さんから、そして、沖縄《おきなわ》のモンシロチョウは大学の後輩《こうはい》の鈴木《すずき》さんから、それぞれ、メスを送っていただき、実験をすることができました。

〔北は「早寝《はやね》」、南は「おそ寝《ね》」〕

何年かかけて、ひたすらえさの交かんとふんのそうじを続けて、次のような八か所のデータを得ることができました。

北海道岩見沢市《いわみざわし》
宮城県仙台市《みやぎけんせんだいし》
新潟県長岡市《にいがたけんながおかし》
東京都小金井市《こがねいし》
岡山県岡山市《おかやまけんおかやまし》
愛媛県松山市《えひめけんまつやまし》
鹿児島県鹿児島市《かごしまけんかごしまし》
鹿児島県奄美市《かごしまけんあまみし》

「ねむりのスイッチ」がセットされるときの昼の長さ（臨界日長《りんかいにっちょう》）はどのくらいちがうのか、実験の結果を地図といっしょに見てみましょう。表にはそれぞれの地域《ちいき》のモンシロチョウで調べた「臨界日長《りんかいにっちょう》」を示《しめ》しています。

この表と地図を見てわかる通り、北にすむモンシロチョウほど「ねむりのスイッチ」がセットされるさかいめとなる昼の時間は長く、南にすむモンシロチョウではセットされる時間は短いことがわかります。つまり、寒さのおとずれが早い北の地《ち》域《いき》ほど、まだ昼の長さが長い夏のあいだにスイッチが入り、南の地域《ちいき》ほど、秋おそくなってからスイッチが入るということを示《しめ》しています。

北海道のモンシロチョウでは、「ねむりのスイッチ」がセットされるさかいめの昼の長さは、十四時間四十分でした。これは七月の下旬《げじゅん》ごろの昼の長さにあたります。北海道のモンシロチョウは、まだ、夏のまっさい中なのに、もう「ねむりのスイッチ」がオンになって冬ごしにそなえているのです。とっても「早寝《はやね》」ですね。

それに対して、奄美大島《あまみおおしま》の奄美市《あまみし》のモンシロチョウでは、「ねむりのスイッチ」のセットは昼の長さ十一時間十五分がさかいめでした。奄美大島《あまみおおしま》で昼の時間が十一時間十五分より短くなるのは、十月の下旬《げじゅん》ごろです。南国の奄美大島《あまみおおしま》では、秋が終わるころになって、ようやく「ねむりのスイッチ」がセットされる状態《じょうたい》になります。とっても「おそ寝《ね》」だとわかりますが、これは秋になっても暖《あたた》かい奄美大島《あまみおおしま》ではま

日本各地のモンシロチョウの「ねむりのスイッチ」のセット時間（臨界日長《りんかいにっちょう》）

すんでいる地域《ちいき》	臨界日長《りんかいにっちょう》（時間）
北海道岩見沢《いわみざわ》市《し》	14時間40分
宮城《みやぎ》県《けん》仙台《せんだい》市《し》	13時間15分
新潟《にいがた》県《けん》長岡《ながおか》市《し》	13時間10分
東京都小金井《こがねい》市《し》	12時間20分
岡山《おかやま》県《けん》岡山《おかやま》市《し》	12時間08分
愛媛《えひめ》県《けん》松山《まつやま》市《し》	11時間50分
鹿児島《かごしま》県《けん》鹿児島《かごしま》市《し》	11時間50分
鹿児島《かごしま》県《けん》奄美《あまみ》市《し》	11時間15分

臨界日長《りんかいにっちょう》は温度20℃での値《あたい》

だモンシロチョウがくらすことができるからなのです。

このように、モンシロチョウには、すんでいる地域《ちいき》の気候に合わせて、ちょうどよいタイミングで「ねむりのスイッチ」がセットされるしくみがあることがわかってきました。

10章 緯《い》度《ど》と時間のみごとな関係

ここで、各地の緯《い》度《ど》とスイッチのセット時間（臨界日長《りんかいにっちょう》）をグラフにして、見てみましょう。ただし、ここでは、長岡市《ながおかし》のデータはのぞいています。

グラフにしてみたところ、データは、だいたいきれいな一直線上にならんでいます。モンシロチョウがすんでいる地域《ちいき》の緯《い》度《ど》と、「ねむりのスイッチ」のセット時間にはどうやらふかい関係がありそうだということがわかります。モンシロチョウがすんでいる地域《ちいき》が北であればあるほど、つまり、緯《い》度《ど》が高くなればなるほどセット時間は長くなり、その変化は一定で、連続しています。

グラフをもとに計算をすると、すんでいる地域《ちいき》の緯《い》度《ど》が二度変わると、「ねむり

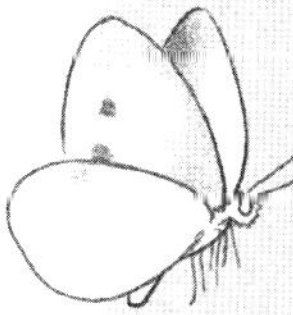

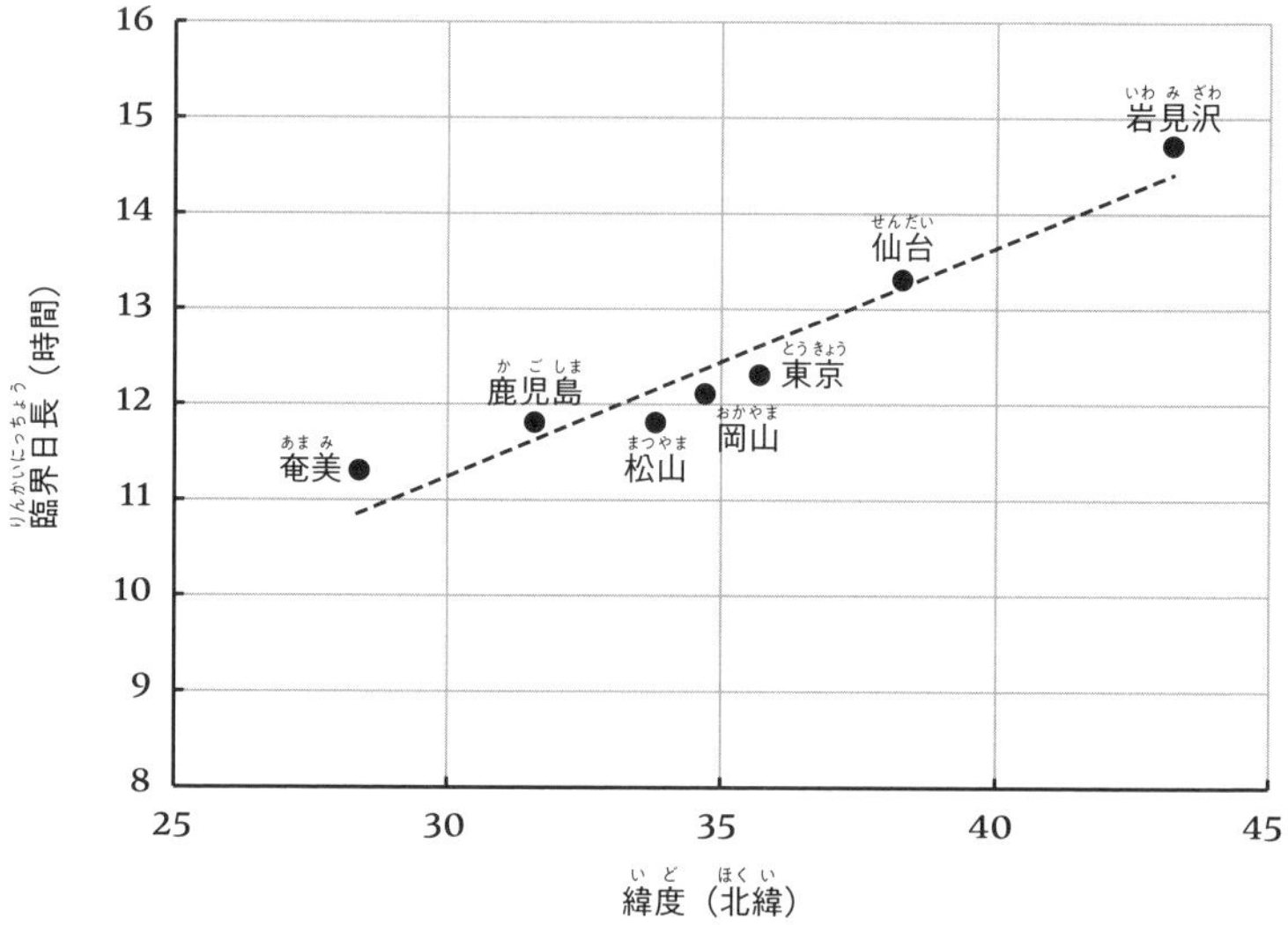

日本各地のモンシロチョウのすんでいる地域《ちいき》の緯度《いど》（北緯《ほくい》）と臨界日長《りんかいにっちょう》の関係

すんでいる場所の緯度《いど》が高くなると「ねむりのスイッチ」のセット時間（臨界日長《りんかいにっちょう》）は長くなり、緯度《いど》が２度高くなるとセット時間は 30 分長くなるという関係がある（点線のグラフ）。

のスイッチ」のセット時間は約三十分の差が出るという関係があることがわかってきました。

〔八か所めの長岡市《ながおかし》のデータ〕

八か所のうち、新潟県《にいがたけん》の長岡市《ながおかし》のモンシロチョウが、いちばん最後の実験でした。これまでの七か所のデータをもとにグラフを作ったところで、緯度《いど》と「ねむりのスイッチ」のセット時間は、きれいな一直線上にならび、「緯度《いど》が二度高くなると、三十分長くなる」という関係があるだろうということはわかっていました。しかし、八か所めの長岡市《ながおかし》のデータがグラフに合うかどうか、実験が終わってみなければわかりません。もし、グラフから大きくはずれた結果になったとしたら、「緯度《いど》が二度高くなると、三十分長くなる」という結論《けつろん》を考え直さなければなりません。

だから、長岡市《ながおかし》のモンシロチョウの実験が終わったときは、ドキドキしました。

長岡市《ながおかし》の緯度《いど》は北緯《ほくい》三十七度二十三分ですので、これまでのわたしの実験から得られた関係式から計算すると、「ねむりのスイッチ」のセット時間は、長岡市《ながおかし》のモンシロチョウでは十三時間十分になるはずです。そこで、おそるおそる、長岡《ながおか》市《し》の実験結果のグラフを作成して、かくにんしてみました。

　これまでと同じように、横じくは実験した昼の長さ、たてじくは「ねむる　さなぎ」の割合《わりあい》とします。それぞれの点を線で結んでグラフを作り、「ねむる　さなぎ」の割合《わりあい》五十パーセントのめもりか

らグラフへ水平に直線をのばし、ぶつかったところから、まっすぐたてに、横じくの「昼の長さ」へ線をのばしてぶつかったところのめもりを見ると……、やった！　まさに、十三時間十分を示《しめ》したのです。その後、長岡市《ながおかし》でのデータも利用して、さらにくわしい関係式を作りましたが、「緯度《いど》が二度高くなると、三十分長くなる」という結論《けつろん》は変わりませんでした。

とても身近で、よく知っていると思っていた生き物が、こんなひみつを持っていたなんて！

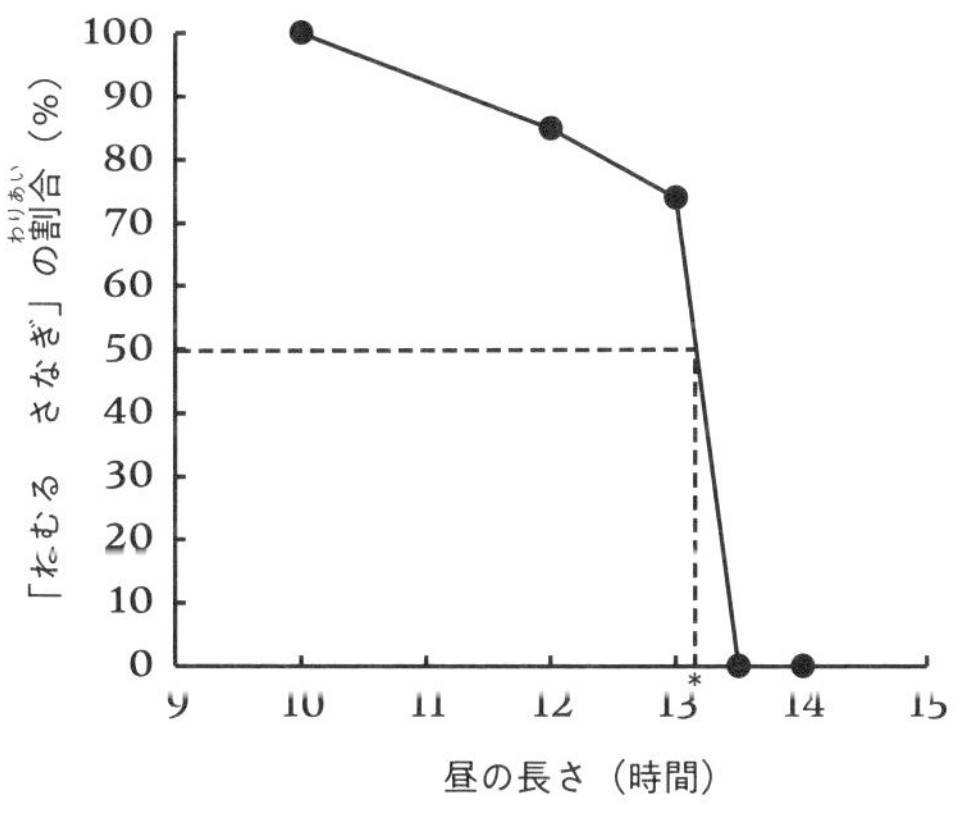

モンシロチョウの幼虫《ようちゅう》が育つときの昼の長さと「ねむる　さなぎ」になる割合《わりあい》
（新潟県長岡市《にいがたけんながおかし》のモンシロチョウ）

*「ねむる　さなぎ」になるさかいめの昼の長さ（臨界日長《りんかいにっちょう》）は13時間10分であった（飼育《しいく》温度は20℃）。

このときは、本当にうれしかったです。長さ三センチメートルにもみたない小さなモンシロチョウの幼虫《ようちゅう》のからだの中に、昼の長さに反応《はんのう》して、すんでいる土地の季節変化に合わせて正確《せいかく》に「ねむりのスイッチ」をセットするしくみがあるのです。北海道のモンシロチョウも、東京のモンシロチョウも、奄美大島《あまみおおしま》のモンシロチョウも、安全に冬をこせるよう、分きざみでセットできる正確《せいかく》なしくみを持っていたのです。

〔セット時間が、緯度《いど》によって変わる意味は？〕

「ねむりのスイッチ」を持つ昆虫《こんちゅう》はモンシロチョウのほかにも、たくさんいます。そして、それぞれがすんでいる地域《ちいき》によってスイッチのセット時間を調整しているにちがいありません。

「ニカメイガ」というガのなかまは、イネの害虫であることもあり、古くから研究が進められていて、すんでいる地域《ちいき》の緯度《いど》が二度変わると、セット時間が二十四分ほど変わることが知られていました。しかし、モンシロチョウでも同じような関係があることがわかったのは、今回の研究が初めてでした。

この研究でわかったことを、もう一度おさらいしてみましょう。

北海道のように緯度《いど》が高い地域《ちいき》では夏の期間は短く、夏が終わると冬があっというまにおとずれます。そのため、「ねむりのスイッチ」は夏のまだ長い昼の時間に合わせてセットされていて、そのおかげで、冬がくる前に確実《かくじつ》に「ねむる　さなぎ」になることができるのです。

反対に、緯度《いど》の低い南の地域《ちいき》では、「ねむりのスイッチ」は短い昼の時間にセットされています。それによって冬のねむりに入る時期がおそくなるため、南の地域《ちいき》の暖《あたた》かい気候の中で、秋おそくまでの長い期間をじゅうぶんに利用して、活動を続けることができるのだということがわかりました。

コラム 3

緯《い》度《ど》のあらわし方

「緯《い》度《ど》」とは、地球上での位置をあらわすための区分のひとつです。赤道を基準《きじゅん》にして〇度とし、北極、南極をそれぞれ九〇度として南北の位置をあらわします。

同じように、地球上で東西の位置をあらわす区分もあり、「経《けい》度《ど》」といいます。イギリスのグリニッジ天文台があった場所を通る線を基準《きじゅん》にして〇度とし、東西へ一八〇度まであらわします。

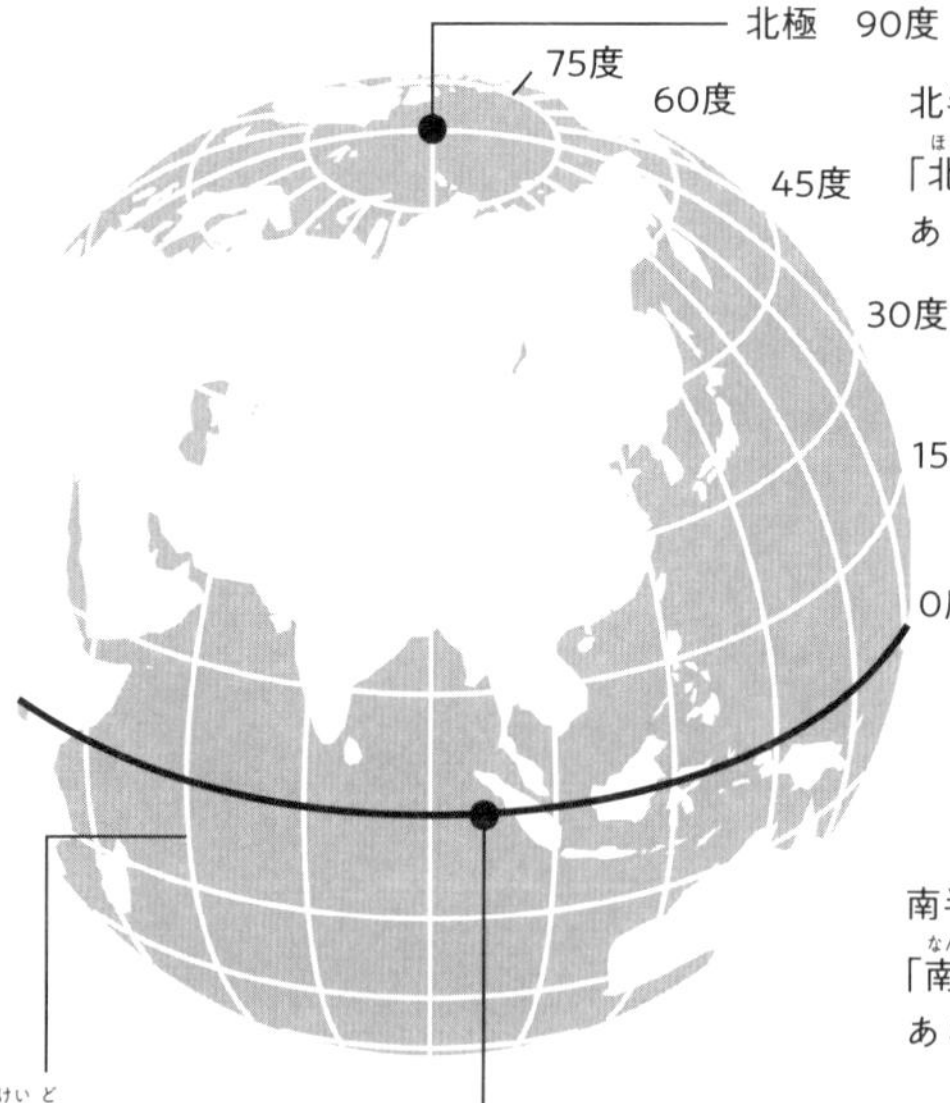

11章 八《や》重《え》山《やま》のモンシロチョウは、ねむらない

沖縄県《おきなわけん》のモンシロチョウも、ぜひ調べたいと思っていましたが、なかなかそのチャンスがおとずれず、実験できない日々が続きました。

沖縄県《おきなわけん》は、沖縄本島《おきなわほんとう》と宮古島《みやこじま》などの宮《みや》古諸島《こしょとう》、石垣島《いしがきじま》・西表島《いりおもてじま》などがある八《や》重山諸島《えやましょとう》、そのほかの小さな島々からなります。沖縄本島《おきなわほんとう》や八《や》重山諸島《えやましょとう》には、も

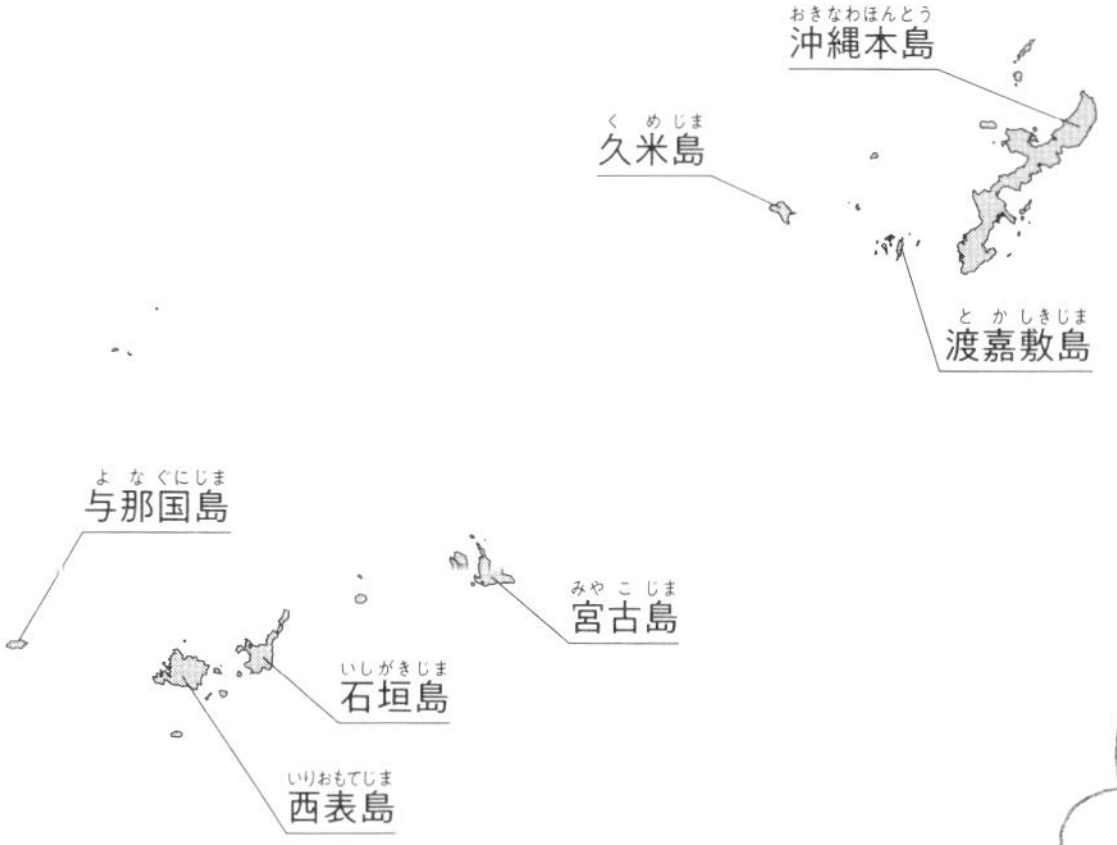

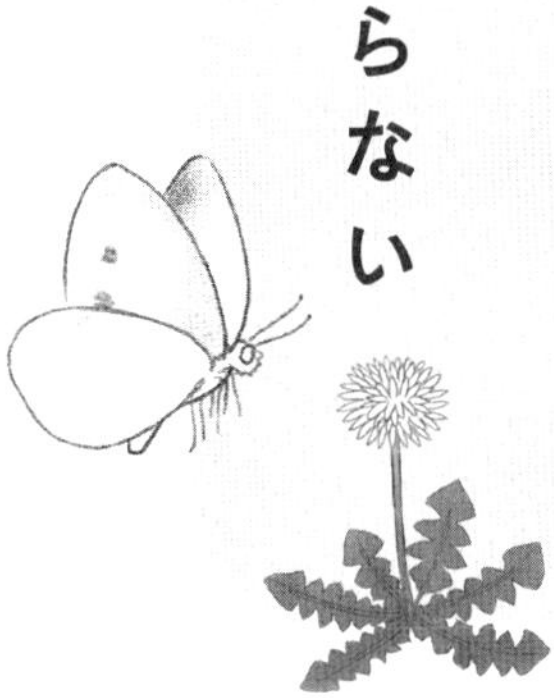

ともとモンシロチョウはくらしていませんでしたが、一九五八年ごろに沖縄本島《おきなわほんとう》、一九六三年ごろに石垣島《いしがきじま》、一九六七年ごろには西表島《いりおもてじま》に渡《わた》り、その後ずっとすみ続けていることがかくにんされています。

冬でも暖《あたた》かいこれらの地域《ちいき》で、モンシロチョウの「ねむりのスイッチ」はどうなっているのか、ずっと気になっていました。そしてあるとき、ついに実験するチャンスがおとずれたのです。

〔二つの島のモンシロチョウ〕

チョウ好きの大学の後輩《こうはい》・鈴木《すずき》さんが、沖縄本島《おきなわほんとう》近くにある渡嘉敷島《とかしきじま》へチョウの採集《さいしゅう》旅行に行くというので、わたしはぜひモンシロチョウのメスがいたら、持ち帰ってほしいとおねがいしました。ちょうど三月で、沖縄《おきなわ》ではモンシロチョウが元気に飛びまわる時期です。

すると鈴木《すずき》さんは、なんと二十頭ものメスを持ち帰ってきてくれたのです。その中の元気なものを選んで卵《たまご》を産ませたところ、四百五十個《こ》もの卵《たまご》をとることができました。沖縄《おきなわ》にすむモンシロチョウの代表として調べることができます。すぐに、実験を始めました。

この二年後、今度は石垣島《いしがきじま》のモンシロチョウを手に入れるチャンスがおとずれました。そのころ、国際基督教大学《こくさいきりすときょうだいがく》の教授《きょうじゅ》であった加藤《かとう》さんは、南の島にすむキチョウの調査《ちょうさ》をしておられ、沖縄本島《おきなわほんとう》や石垣島《いしがきじま》に何度も出かけられていたのです。わたしは石垣島《いしがきじま》のモンシロチョウのメスを手に入れられないか、おねがいしました。

すると数日後、石垣島《いしがきじま》でとられたモンシロチョウのメスを十二頭もいただくことができました。元気なものを選んで卵《たまご》を産ませ、さっそく実験を始めることができました。

〔 実験の結果は？ 〕

沖縄《おきなわ》（渡嘉敷島《とかしきじま》）と石垣島《いしがきじま》のモンシロチョウでそれぞれ実験したところ、次のような結果になりました。

沖縄《おきなわ》（渡嘉敷島《とかしきじま》）の場合　＊温度は二十度で飼育《しいく》

昼：十時間　夜：十四時間　全体の四十四パーセントが「ねむる　さなぎ」に

昼：十一時間　夜：十三時間　「ねむる　さなぎ」はあらわれない

昼：十二時間　夜：十二時間　「ねむる　さなぎ」はあらわれない

昼：十三時間　夜：十一時間　「ねむる　さなぎ」はあらわれない

昼：十四時間　夜：十時間　「ねむる　さなぎ」はあらわれない

石垣島《いしがきじま》の場合　＊温度は二十度で飼育《しいく》
昼：十時間　夜：十四時間　全体の約二十パーセントが「ねむる　さなぎ」に
昼：十一時間　夜：十三時間　「ねむる　さなぎ」はあらわれない
昼：十二時間　夜：十二時間　「ねむる　さなぎ」はあらわれない
昼：十三時間　夜：十一時間　「ねむる　さなぎ」はあらわれない
昼：十四時間　夜：十時間　「ねむる　さなぎ」はあらわれない

〔「ねむる　さなぎ」になる性質《せいしつ》が、とても弱い〕

沖縄《おきなわ》（渡嘉敷島《とかしきじま》）のモンシロチョウは、昼が十時間の場合、約四十パーセントが「ねむる　さなぎ」になりました。石垣島《いしがきじま》のモンシロチョウでは、昼が十時間の場合、約二十パーセントが「ねむる　さなぎ」になりました。しかし、どちらのモンシロチョウも昼が十一時間以上になると「ねむる　さなぎ」はまったくあらわれなくなります。

どうやら、沖縄《おきなわ》のモンシロチョウも石垣島《いしがきじま》のモンシロチョウも、ねむる性質《せいしつ》がなくなったわけではありませんが、東京のモンシロチョウなどにくらべると、その性《せい》質《しつ》がとても弱く、「ねむる　さなぎ」ができにくくなっているようです。

では、なぜ、そのようなちがいがあるのでしょう。

沖縄《おきなわ》や石垣島《いしがきじま》では、一年で昼の長さがいちばん短くなる冬至《とうじ》の日でも明るい時間は十一時間ほどあり、それより短くなることはありません。つまり、自然の状態《じょうたい》では、実験で「ねむる　さなぎ」があらわれた長さにまで昼の長さは短くならないのです。また、十二月になっても平均《へいきん》気温は二十度近くあるので、幼虫《ようちゅう》はじゅうぶん育つことができます。

こう考えると、南国のモンシロチョウたちは、「ねむる　さなぎ」を作る性質《せいしつ》が弱くなることで、おだやかで暖《あたた》かな冬も、活動できるように、冬が寒いほかの地域《ちいき》のモンシロチョウとはちがった性質《せいしつ》を持っていると考えられます。

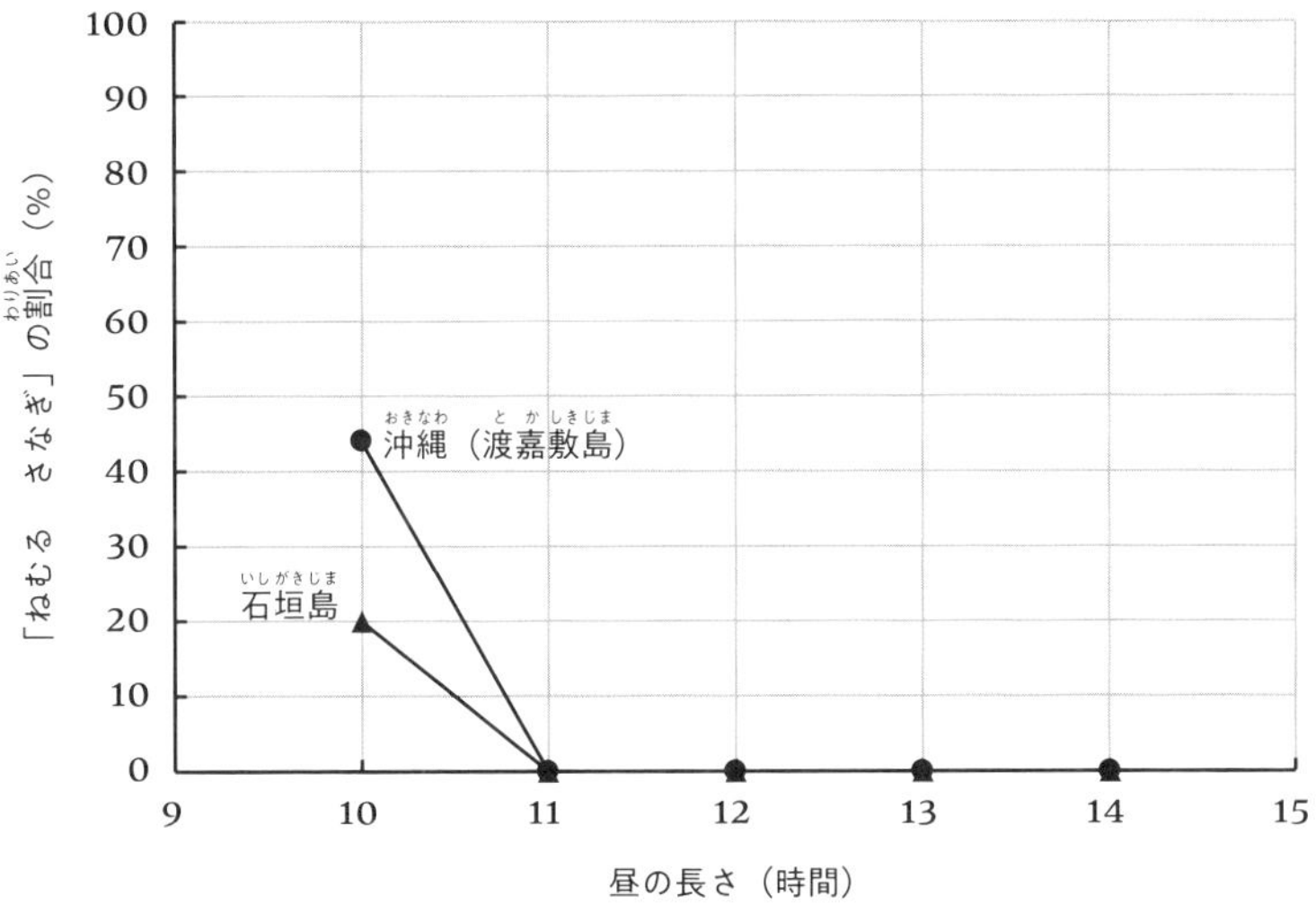

沖縄《おきなわ》（渡嘉敷島《とかしきじま》）と石垣島《いしがきじま》のモンシロチョウの幼虫《ようちゅう》が育つときの昼の長さと「ねむる　さなぎ」になる割合《わりあい》　（飼育《しいく》温度 20℃）

●　沖縄《おきなわ》（渡嘉敷島《とかしきじま》）　▲　石垣島《いしがきじま》

昼の長さが短いときは「ねむる　さなぎ」が少しあらわれるが、昼の長さが長くなると、「ねむる　さなぎ」はまったくあらわれない。

じつは、夏をこすほうが大変

じつは、南国のモンシロチョウにとっては、冬よりも夏をすごすことのほうが大変なのです。夏は暑すぎるため、キャベツなどのアブラナ科の野菜が栽培《さいばい》されなくなりますし、野にはえているアブラナ科のなかまも消えてしまいます。ある調査《ちょうさ》によると、石垣島《いしがきじま》ではモンシロチョウの成虫は二月ごろから見られるようになり、四月・五月にはたくさん見られますが、六月には急にいなくなり、その後冬になるまですがたを消してしまうそうです。そのため、石垣島《いしがきじま》のモンシロチョウは、夏から秋は別のところにいて、冬になるとわたってくるのではないかという説もあります。

一方、沖縄本島《おきなわほんとう》の調査《ちょうさ》では、モンシロチョウは三月からあらわれ、翌年《よくねん》の二月まで連続して見られるそうです。つまり、ほぼ一年中、成虫が飛んでいるわけですから、冬のあいだも幼虫《ようちゅう》は成長し、「ねむる　さなぎ」はできていないことになります。夏には数がへりますが、まったくいなくなるわけではないようです。

南国でのモンシロチョウの一年のくらしを調べてみると、まだまだおもしろい発見があるかもしれませんね。

12章 「ねむりのスイッチ」は、いつオフになる？

これまで、お話ししてきたように、東京のように冬になると寒くなるような地域《ちいき》では、モンシロチョウは「ねむる　さなぎ」になり、寒い冬を休眠《きゅうみん》してすごします。休眠《きゅうみん》しているあいだ、さなぎは発育を止めている状態《じょうたい》となっていて、チョウになるための変化は起きていません。しかしこれは一時的なもので、いつかは「ねむりのスイッチ」がオフになって休眠《きゅうみん》が終わります。休眠《きゅうみん》が終わると、さなぎの中でチョウになるための変化が、いつでも再開《さいかい》できる状態《じょうたい》になります。つまり、チョウになるための発育を再開《さいかい》する一歩手前で、スタンバイしている状態《じょうたい》になるのです。

再開《さいかい》のきっかけになるのは、気温です。春になって気温が上がりはじめると発育が再開《さいかい》され、羽化《うか》してチョウが生まれてきます。つまり、冬のねむりから覚《さ》めてチョウになるには、「ねむりの　スイッチ」がオフになること、気温が上がること、この二つのきっかけが必要なのです。

いままでの実験で「ねむりのスイッチ」が入る条件《じょうけん》については、いろいろわかりました。すると今度は、「ねむりのスイッチ」がオフになるのがいつなのか、気になりますよね。わたしも、ぜひそれを調べたいと思いました。

二十度くらいの温度であれば、モンシロチョウのさなぎは一週間から十日で羽化《うか》します。ですから、「ねむる　さなぎ」を二十度くらいの暖《あたた》かい場所にうつし、そこから十日から二週間で羽化《うか》してくれれば、そのさなぎの「ねむりのスイッチ」はオフになり、目覚《めざ》めていたと考えてよいでしょう。

反対に、まだ「ねむりのスイッチ」がオンになったままのさなぎであれば、暖《あたた》かい場所にうつしても、なかなか羽化《うか》してこないはずです。

東京では、十月なかばに「ねむる　さなぎ」があらわれはじめ、その後だんだんとふえていき、十二月の初めにはすべて「ねむる　さなぎ」になります。「ねむるさなぎ」ができる期間は二か月ほどの開きがあるのに、春になれば、さなぎたちはほぼいっせいにチョウになります。

では、冬のあいだ、いつごろになったら、全部のさなぎの「ねむりのスイッチ」がオフになるのでしょうか？　春まで待たなければオフにはならないのでしょうか？

それとも、もっと早く「ねむりのスイッチ」がオフになり、目覚《めざ》めた状態《じょうたい》で、ひたすら、春を待っているのでしょうか？

わたしは、さっそく実験にチャレンジしてみることにしました。

でも、野外で「ねむる　さなぎ」になる幼虫《ようちゅう》を集めてくるという方法では秋まで待たないと実験はできませんよね。そこで、実験室で昼の長さを短くして幼虫《ようちゅう》を育て、「ねむる　さなぎ」をたくさん用意し、まずは、冬のかわりに冷蔵庫《れいぞうこ》に入れることにして、調べてみることにしました。

「タイムスイッチ式飼育箱《しいくばこ》」を作る

じつは、この実験を行ったのは大学院を出てすぐ、高校の教員をしていた時代です。大学の教員となってから「スイッチ・オン」の実験をするずっと前のことで、高校の生物実験室には昼・夜の長さを調節できる恒温器《こうおんき》などなく、すべてが手作りでした。いちばん思い出ぶかいのが、灯《あか》りを自動でオン・オフにするしくみです。

昼と夜を作り出すために、灯《あか》りをつけたり消したりするのですが、毎日自分でスイッチを入れたり切ったりするのは大変ですし、うっかり忘《わす》れたり、時間がずれてしまうこともあります。ちょうどそのころ、うれしいことに、タイミングよく二十四時間式のタイムスイッチが売り出され、わたしはそれに飛びついて、なんとかしくみを作ることができました。それまでは十二時間式のタイムスイッチしかなかったのですが、当時は新商品として発売されたばかりで、買ったときは本当にうれしかったものです。

ブンチョウなどの小鳥に卵《たまご》を産ませるために使う飼育箱《しいくばこ》の中に灯《あか》りを入れて、二十四時間式のタイムスイッチで、午前九時に灯《あか》りがつき、午後五時に灯《あか》りが消えるようにしました。このようにすると、昼八時間、夜十六時間となります。

一生けんめい作ったかいがあり、自作の「タイムスイッチ式飼育箱《しいくばこ》」でも、たくさんの「ねむる　さなぎ」を得《え》ることができたのです。

タイムスイッチ式飼育箱《しいくばこ》

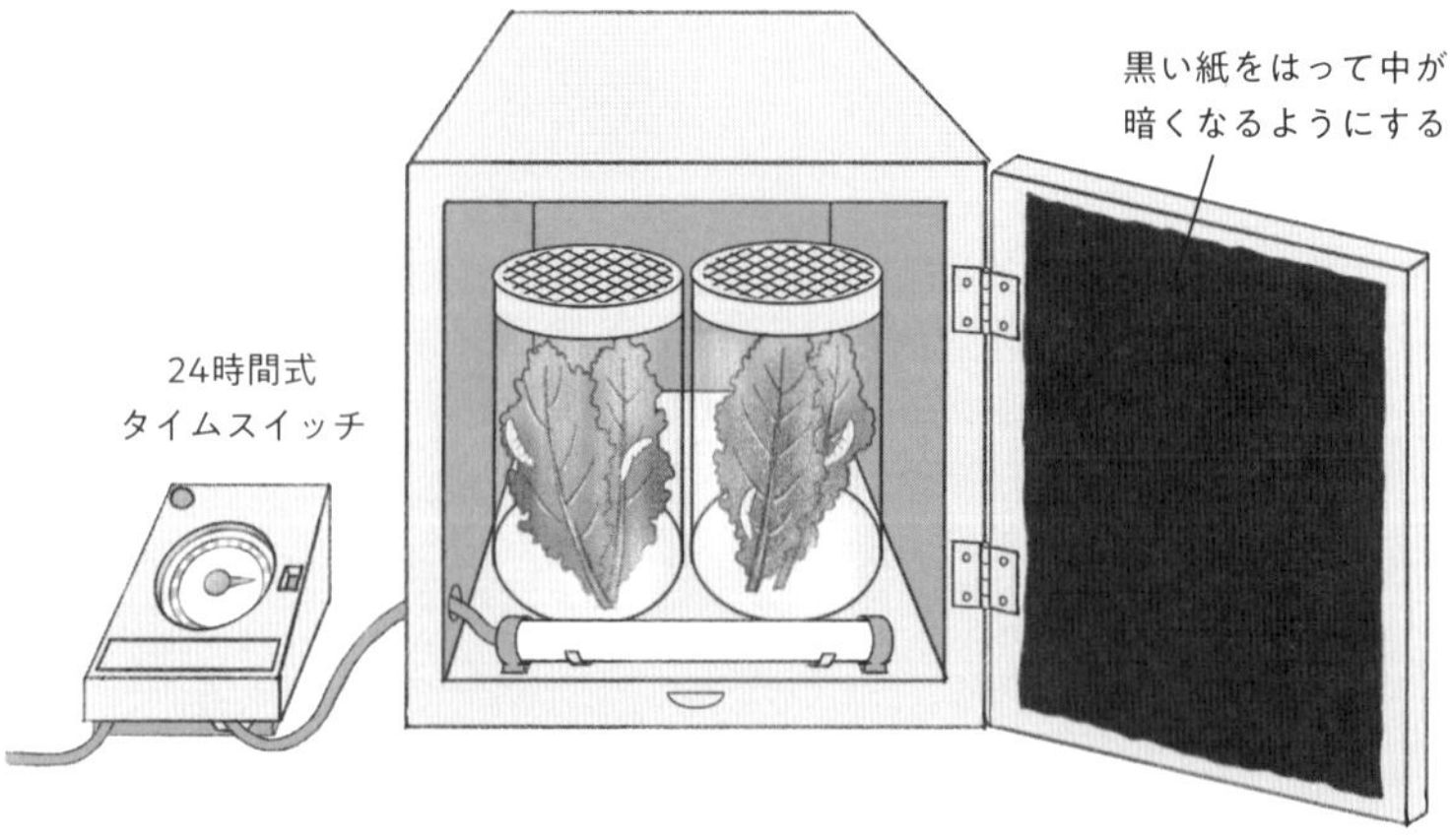

冷蔵庫《れいぞうこ》に引っこしさせる

「ねむる さなぎ」が用意できたところで、いよいよさなぎを「冬」の環境《かんきょう》にうつします。つまり、冷蔵庫《れいぞうこ》へうつすのです。これを「低温処理《ていおんしょり》」といいます。

さなぎを、さなぎになっていた場所からていねいにはずし(→47〜48ページ)、ガラスのペトリ皿(シャーレ)にならべ、ふたをします。シャーレの中がかわきすぎないように、しめらせただっし綿《めん》をいっしょに入れておきました。これを冷蔵庫《れいぞうこ》に入れて、三週間・六週間・九週間入れたままにしておくという、三つのパターンで実験してみました。冷蔵庫《れいぞうこ》の中の温度は、〇・一度から六・四度のあいだで変化しましたが、冬の寒さとしてはじゅうぶんでしょう。さなぎたちはそれぞれ、冷蔵庫《れいぞうこ》の中で「冬ごし」を経験《けいけん》したのです。

13章 「ねむりのスイッチ」は、九週間でオフ

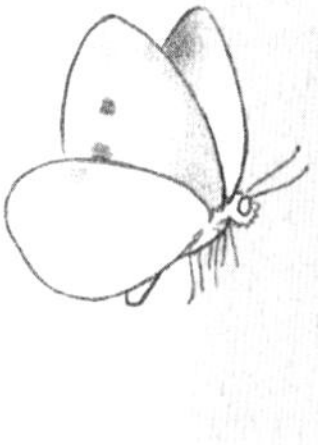

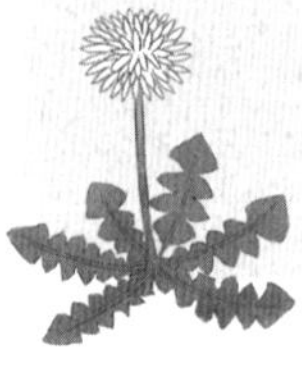

冷蔵庫《れいぞうこ》へうつしてから、三週間。最初のグループのさなぎを冷蔵庫《れいぞうこ》から出し、用意していた羽化《うか》用ケースへさなぎをうつし、暖《あたた》かいところに置いてみることにしました。

高校の実験室には温めるための「保温器《ほおんき》」があったので、温度を二十五度に設定《せってい》し、その中で羽化《うか》まですごしてもらいました。じつは、この保温器《ほおんき》、温めるだけで、ひやすことができません。ですから、部屋の温度が二十五度以上になると、もう、二十五度の温度を保《たも》つことができなくなります。

二十五度というのは、じつはモンシロチョウにとって少し暑すぎるかもしれませ

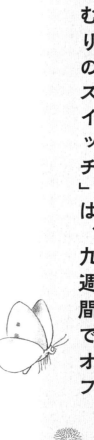

ん。だからといって、二十度にすると、部屋の温度が二十度以上に上がるのは春・夏・秋の長いあいだですから、そのあいだは実験できないということになってしまいます。そこで、二十五度にしておけば、実験できなくなるのは、部屋の温度が二十五度以上になってしまう夏のあいだだけですから、それ以外のときには実験できるので、そのように決めたということです。なかなか苦労しますね。

クーラーをつければいいじゃないか、という声がきこえてきそうですが、このころ、実験室にはクーラーがありませんでした。だから、部屋全体を二十五度以下にするなんてこともできなかったのですね。

〔九週間の冬が必要〕

さて、このように三週間・六週間・九週間と冷蔵庫《れいぞうこ》に入れておく実験を行った結果、三つのパターンでの羽化《うか》は次のようになりました。

三週間冷蔵庫《れいぞうこ》に入れたものは、二十五度の保温器《ほおんき》にうつしてから二十日たっても羽化《うか》するものがなく、二十五日前後からバラバラと羽化《うか》が始まり、最後のさなぎが羽化《うか》するまで、五十日以上もかかってしまいました。これでは、まだねむりから覚《さ》めていたとはいえず、三週間の冬では、「ねむりのスイッチ」はオフになっていなかったようです。

六週間冷蔵庫《れいぞうこ》に入れたものは、多くが十日から二週間のあいだに羽化《うか》してきました。これらのさなぎは、比較的《ひかくてき》「ねむり」のあさいさなぎで、もう「ねむりのスイッチ」がオフになっていたといえます。しかし、その後もバラバラと羽化《うか》が続き、最後のさなぎがチョウになって出てきたのは、四十日後でした。つまり六週間の冬では、全部のさなぎでスイッチが完全にオフになったとは言い切れないようです。

九週間冷蔵庫《れいぞうこ》の中にいたものでは、ほとんどが十日から二週間のあいだに、いっせいに羽化《うか》してきました。三週間や六週間の実験でわかるように、さなぎには「ねむり」のあさいものも、ふかいものもいます。しかし、九週間の冬をすごせば、「ね

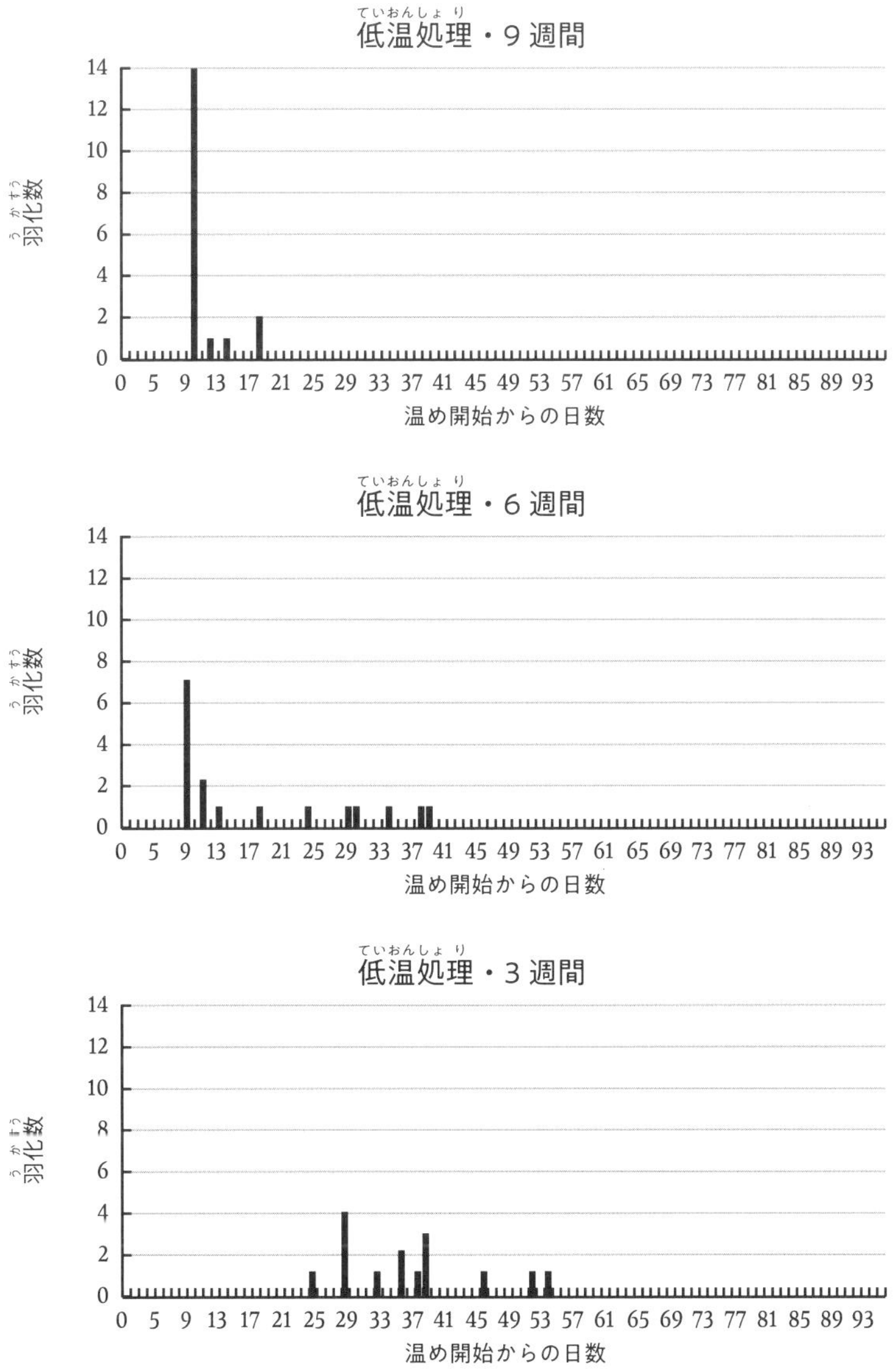

「ねむる　さなぎ」を目覚《めざ》めさせるのに必要な低温処理《ていおんしょり》の期間

むりのスイッチ」はほぼ全部のさなぎでオフになることがわかりました。

野外のさなぎで、かくにんする

これまでの実験によって、九週間の寒さにさらされると「ねむりのスイッチ」がオフになることがわかったので、今度は、自然の状態《じょうたい》では、何月ごろにスイッチ・オフになっているのか、調べてみることにしました。

十月下旬《げじゅん》から十一月の初めにかけて、東京の郊外《こうがい》のキャベツ畑などでモンシロチョウの終齢幼虫《しゅうれいようちゅう》をさがし、飼育《しいく》ケースを外に置いて飼育《しいく》しました。家や街の灯《あか》りが入らず、夜はきちんと暗くなるような場所に置いて育てていると、ほとんどの幼《よう》虫《ちゅう》は数日のうちにさなぎになりました。

これらのさなぎが二週間ほどたっても羽化《うか》してこないことから「ねむる　さなぎ」になっていることをたしかめ、冷蔵庫《れいぞうこ》の実験と同じようにシャーレにうつし、その

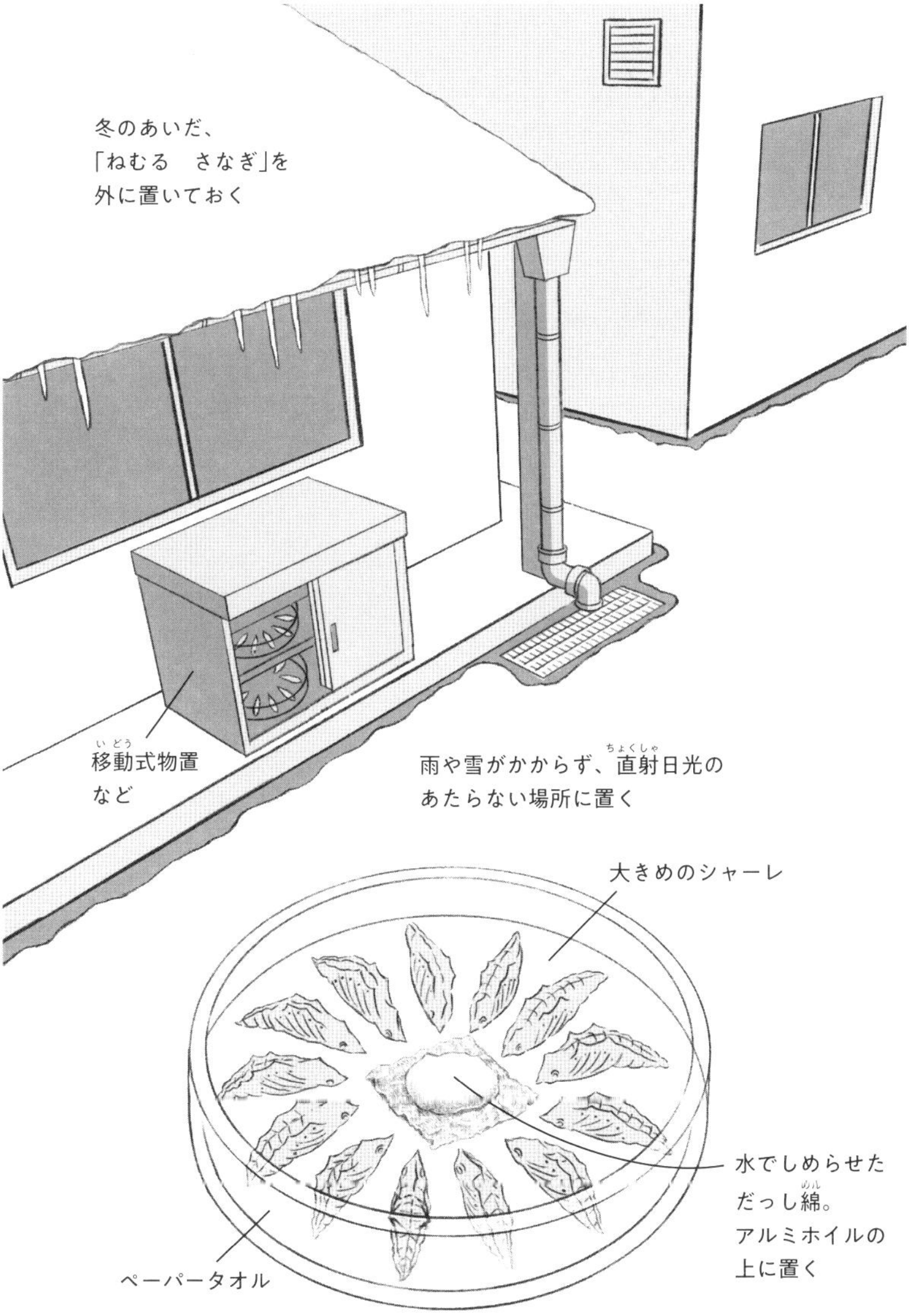
冬のあいだ、
「ねむる　さなぎ」を
外に置いておく
移動《いどう》式物置
など
雨や雪がかからず、直射《ちょくしゃ》日光の
あたらない場所に置く
大きめのシャーレ
水でしめらせた
だっし綿《めん》。
アルミホイルの
上に置く
ペーパータオル

まま外へ置いておきます。シャーレの中には、かわきすぎないようにしめらせただっし綿《めん》も入れておきました。シャーレに日が当たってしまうと中の温度が上がってしまうので、直接《ちょくせつ》日が当たらない場所を選んで、置くようにします。

こうして、十二月下旬《げじゅん》、一月中旬《ちゅうじゅん》、一月下旬《げじゅん》、二月中旬《ちゅうじゅん》までの四つのパターンで外に置きっぱなしにしたあと、それぞれのグループを、二十五度の保温器《ほおんき》へうつしました。その結果は次のようになりました。

十二月下旬《げじゅん》まで外に置いたグループでは、十日から二週間ほどで羽化《うか》し、ねむりから覚《さ》めていたさなぎもありましたが、全体にバラバラと羽化《うか》してきて、中には六十日以上かかったものもありました。多くのさなぎで「ねむりのスイッチ」は、オフになっていなかったようです。

一月中旬《ちゅうじゅん》まで外に置いたグループでは、かなりの数が十日ほどで羽化《うか》してきましたが、そのあとがバラバラとまとまらず、二十日以上かかるものもありました。まだ、「ねむりのスイッチ」が、オフになっていなかったさなぎもいたようです。

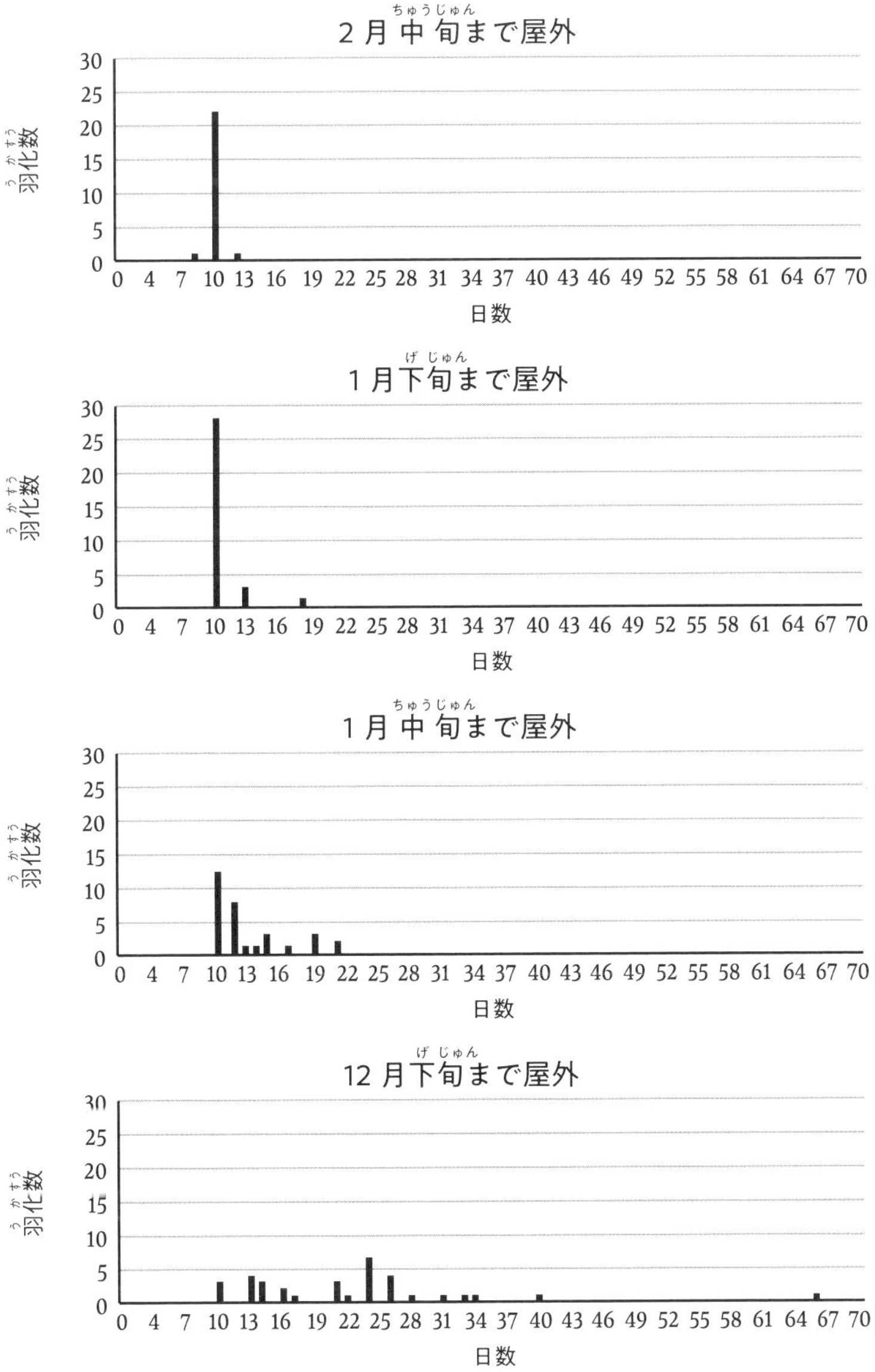

「ねむる　さなぎ」を冬のあいだ屋外に置いたときの「ねむり」から覚《さ》める時期

一月下旬《げじゅん》まで外に置いたグループでは、ほとんどのさなぎが十日ほどで羽化《うか》してきました。もちろん、二月中旬《ちゅうじゅん》まで外に置いたグループでもすべてのさなぎが十日ほどで羽化《うか》しました。一月下旬《げじゅん》や二月中旬《ちゅうじゅん》の時期になれば、全部のさなぎで「ねむりのスイッチ」は、オフになっていたと言えるでしょう。冷蔵庫《れいぞうこ》の実験では、さなぎになってから九週間の冬をすごせばスイッチはオフになることがわかっていますす。九週間は約二か月です。野外で調べた実験では、一月下旬《げじゅん》ごろになると、「ねむりのスイッチ」は、オフになっているとわかりましたが、これは、十一月から外に置かれたさなぎが、本当に寒くなる十二月・一月と約二か月のあいだ寒さにさらされたからなのですね。

寒いのに「スイッチ・オフ」になったら、もう、チョウになってしまうの？

一月下旬《げじゅん》は、まだ冬のさなかです。こんなに寒い時期に「ねむりのスイッチ」がオフになって、目を覚《さ》ましてしまっても、だいじょうぶなのでしょうか。心配になりますよね。

でも、まだ、チョウにはなりません。スイッチがオフになっても、外ではまだ気温が低いので、すぐにチョウになるためのじゅんびが進むわけではありません。ねむりのスイッチはオフになりましたが、そのあとの発育は、寒さによってまだおさえられたままなのです。

野外では、十月下旬《げじゅん》にさなぎになったものも、十一月にさなぎになったものもいるでしょう。その中には、これまでの実験でわかったように、「ねむり」のあさいさなぎも、ふかいさなぎもいます。一月中旬《ちゅうじゅん》ごろには「ねむり」のあさいさなぎではもう「スイッチ・オフ」になっていたかもしれませんが、「ねむり」のふかいさなぎはまだねむったままです。そんなみんなが一月下旬《げじゅん》ごろになると、全員「スイッチ・オフ」の状態《じょうたい》になって、ひそかに春を待つようになります。やがて春が近づき、少しずつ暖《あたた》かい日がふえてくると、「待ってました」とばかりに、さなぎの中で羽化《うか》へのじゅんびがいっせいにスタートします。

このようにしてむかえた、三～四月の初め。早く目が覚《さ》めたものも、おそく目覚《めざ》めたものも、いっせいにチョウになって飛びまわりはじめます。みなさんが、宿泊行事《しゅくはく》で、早く目が覚《さ》めた子は、ふとんの中でじっと合図を待っている、そんな子がだんだんとふえてきて、合図とともに、みんながいっせいに、飛び起きるようなものですね。

これらのチョウたちがさらに子孫

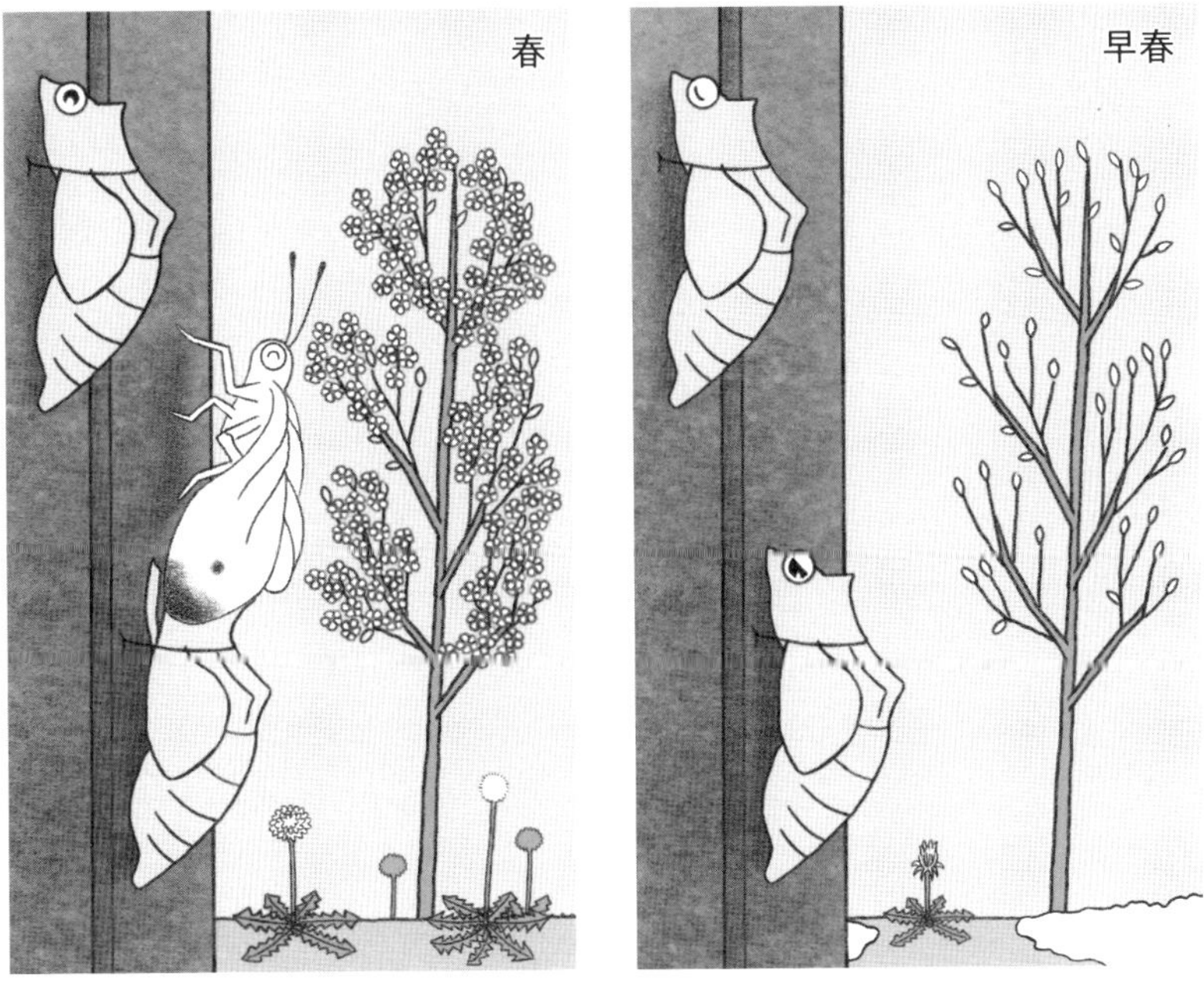
春
早春

を残していくためには、オスとメスのチョウが出会わなければなりません。数が多ければ多いほど相手はすぐに見つかるでしょう。じゅみょうが短いモンシロチョウたちにとって、みんながそろって羽化《うか》することは、とても大切な生きるための知恵《ちえ》なのです。

14章 日本各地のモンシロチョウの冬ごし作戦

大学生のときモンシロチョウのふしぎに出会ってから数十年。高校や大学の教員としての仕事をしながら、モンシロチョウの研究を続けてきた結果、北海道から沖《おき》縄《なわ》まで、日本各地のデータを集めることができました。ここで、各地のモンシロチョウが冬を乗りきるためにどんな作戦を持っているのか、まとめてみましょう。

北と南、それぞれの作戦

モンシロチョウの「ねむりのスイッチ」は、幼虫《ようちゅう》が育つときの昼の長さがある決まった時間より短くなることによってオンになり、冬をこすための特別な「ねむるさなぎ」（休眠《きゅうみん》さなぎ）になりましたね。

スイッチがオンになる昼の長さは、北海道（岩見沢市《いわみざわし》）のモンシロチョウでは、十四時間四十分以下、東京（小金井市《こがねいし》）では十二時間二十分以下、鹿児島《かごしま》（奄美《あまみ》市《し》）では十一時間十五分以下（↓71ページ）。しかし、沖縄《おきなわ》（渡嘉敷島《とかしきじま》）では十時間以下で一部の幼虫《ようちゅう》ではスイッチが入るものの、全体としては「ねむる　さなぎ」になる性質《せいしつ》が弱いことがわかりました。

つまり、北の地域《ちいき》ほど冬のおとずれが早いので、まだ昼の時間が長い夏のうちに、すでにスイッチが入っている必要があります。そのため、北海道のモンシロチョウは、十四時間四十分以下という、長い夏の昼の長さに合わせた設定《せってい》時間となっているのです。

一方、冬のおとずれのおそい南の地域《ちいき》ほど、秋おそくなってから「ねむる　さなぎ」になっても、冬ごしにじゅうぶん間に合います。それより、暖《あたた》かいあいだは、活動してなかまをふやしたほうがよいのです。そのため、冬がくるぎりぎりまで活動してから、おそめにねむりにつけるよう、「ねむりのスイッチ」の設定《せってい》時間が、秋の昼の長さに合わせて短くなっているのです。

早く「ねむりのスイッチ」が入る北海道などでは、一年のうちの活動できる期間が短くなってしまうので、成虫があらわれるのは一年に三～四回です。つまり、三～四世代の子孫しか残すことができませんが、長い冬を安全にすごすためには必要なしくみです。それに対して、鹿児島《かごしま》のような南国では、一年のうちの活動する期間が長くなるため、一年に七～八回成虫があらわれ、七～八世代の子孫を残すことができます。

寒い土地では安全に冬をこすしくみを持ち、暖《あたた》かい土地では、暖《あたた》かさをじゅうぶんに生かしてくらす。モンシロチョウって、なかなか、したたかですね。

ほかのチョウの作戦は？　スジグロシロチョウの場合

モンシロチョウのねむりについていろいろなことがわかりはじめると、「ほかのチョウはどうなんだろう？」と気になってきます。そこで、モンシロチョウのなかまで、身近にもすんでいる、スジグロシロチョウについて調べてみましょう。

東京のスジグロシロチョウを使って、モンシロチョウと同じような方法で調べたところ、スジグロシロチョウの「ねむりのスイッチ」は、幼虫《ようちゅう》が育つときの昼の長さが十三時間二十分より短くなるとオンになることがわかりました。モンシロチョウでは、十二時間二十分でしたから、それより、一時間長いということになりますね。ということは、モンシロチョウより早い時期に、ねむりのじゅんびが始まるということです。

前にお話ししたように、東京付近のモンシロチョウは、九月下旬《げじゅん》から十月初めのころから育ちはじめた幼虫《ようちゅう》が「ねむる　さなぎ」になりますが、スジグロシロチョウでは、昼の長さが十三時間二十分より短くなる（日の出から日の入りで考えると、十二時間五十分より短くなる）九月の初めのころから育ちはじめた幼虫《ようちゅう》が「ねむる　さなぎ」になります。このように、モンシロチョウよりひと月ほど早くねむりに入ることで、もし、早く寒くなるような年があっても、安全に冬をこすことができますね。モンシロチョウにくらべると、安全優先《ゆうせん》の「慎重派《しんちょうは》」といえそうです。

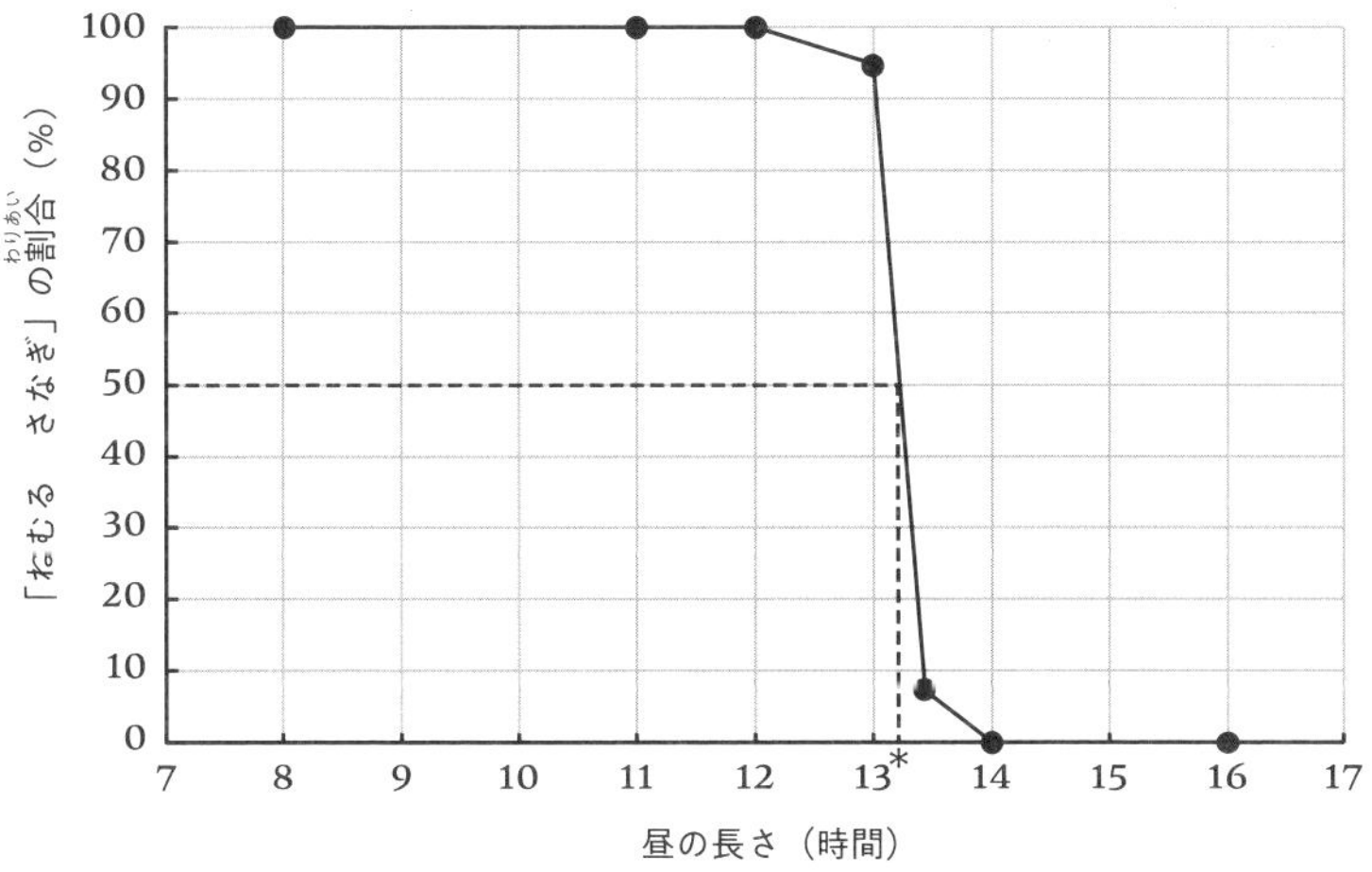

スジグロシロチョウの幼虫《ようちゅう》が育つときの昼の長さと「ねむる　さなぎ」になる割合《わりあい》

＊「ねむる　さなぎ」になるさかいめの昼の長さ（臨界日長《りんかいにっちょう》）は13時間20分

（東京のスジグロシロチョウの場合、飼育《しいく》温度は20℃）

かしこいくらし方

では、同じ東京にくらしていながら、スジグロシロチョウとモンシロチョウでは、どうして「ねむりのスイッチ」が入る時期がちがっているなどの差があるのでしょうか？

みなさんはおぼえていますか？　野外で、モンシロチョウの「ねむる　さなぎ」が目覚《めざ》めた状態《じょうたい》に変わっているのは一月下旬《げじゅん》ごろでした。でも、これって、少し早すぎると思いませんでしたか？　一月下旬《げじゅん》では、まだ寒さが続くのにもう目覚《めざ》めているなんて。

同じことをスジグロシロチョウで調べると、二月下旬《げじゅん》になって調べたほぼすべてのさなぎが、やっと目覚《めざ》めた状態《じょうたい》になりました。もうすぐ三月ですから、そろそろ、暖《あたた》かくなってくるのでちょうどよさそうですね。

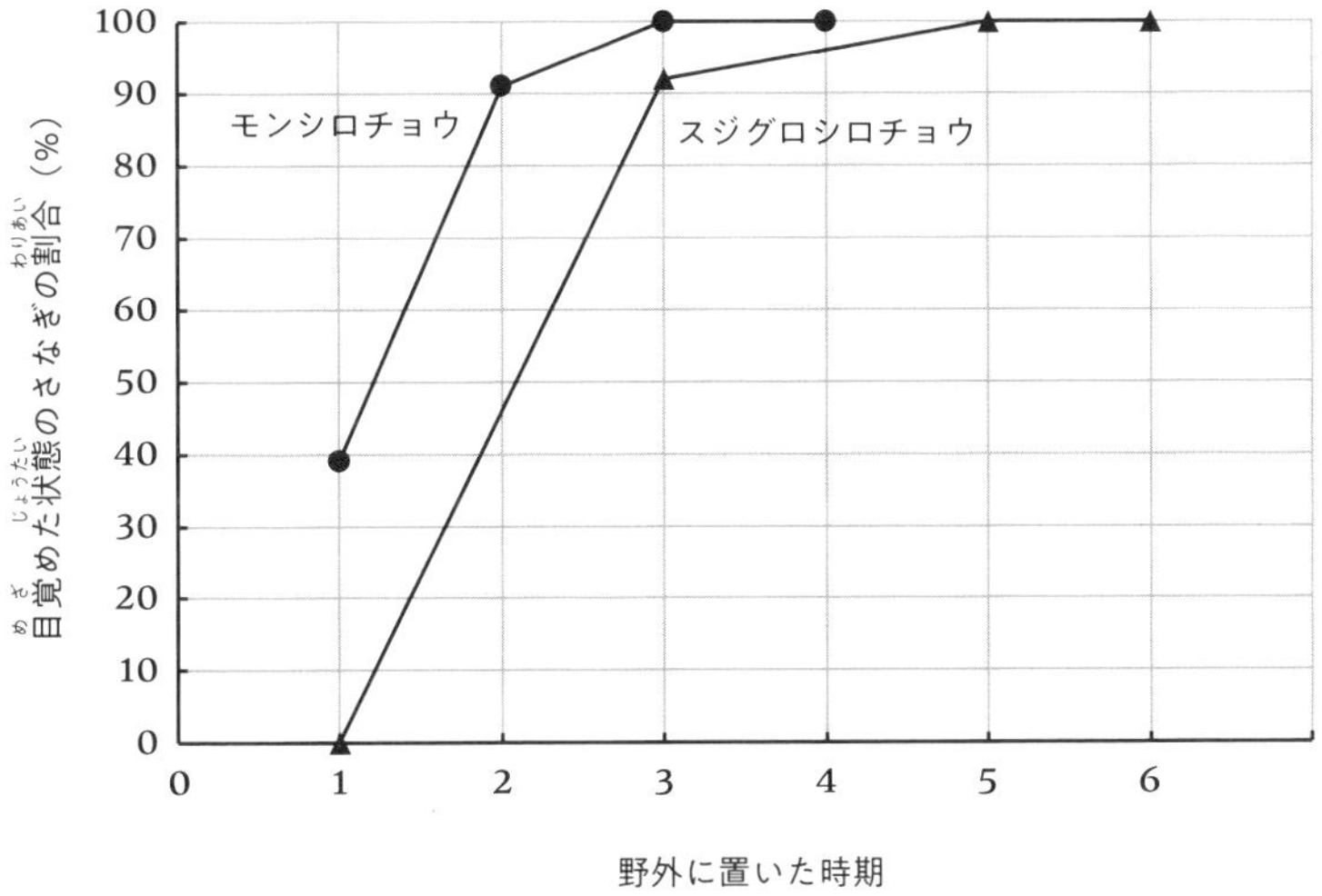

「ねむる　さなぎ」を冬のあいだのある時期まで野外に置いたときの目覚《めざ》めた状態《じょうたい》のさなぎの割合《わりあい》（%）

●モンシロチョウ　▲スジグロシロチョウ

野外に置いた時期　1：12月下旬《げじゅん》まで　2：1月中旬《ちゅうじゅん》まで　3：1月下旬《げじゅん》まで
（11月から）　4：2月中旬《ちゅうじゅん》まで　5：2月下旬《げじゅん》まで　6：3月中旬《ちゅうじゅん》まで

モンシロチョウは12月下旬《げじゅん》の段階で40%近いさなぎが目覚《めざ》めた状態《じょうたい》になっているのに対し、スジグロシロチョウでは目覚《めざ》めたさなぎはまだ存在《そんざい》しない。

しかし、年によっては暖《あたた》かい春がもっと早くやってくることもあります。そんなとき、早く目覚《めざ》めていれば、早くチョウになって活動することができます。その点では、モンシロチョウは有利です。モンシロチョウは「ねむる　さなぎ」ができる時期もおそかったように、秋にはぎりぎりまで活動していて、春には、チャンスがあれば早くチョウになって、できるだけなかまをふやそうとするくらし方を選んでいるのです。「積極派《せっきょくは》」のモンシロチョウといえそうですね。しかし、秋おそくまで活動していたら、急に寒くなってしまったり、春になったと思ったら、寒さがもどってしまったり、危険《きけん》なことがないわけではありません。

それに対して、スジグロシロチョウは、「ねむる　さなぎ」になる時期が早く、そして、春が本当に近づくまでねむりから覚《さ》めずにいるという、安全に冬をこせるくらし方を選んでいます。やはり、スジグロシロチョウは「慎重派《しんちょうは》」です。

では、どちらのくらし方が、かしこいくらし方なのでしょうか？　じつは、どちらもかしこいのだということができます。その理由は次の章で考えてみましょう。

15章 ふたたび、なぜ!? 冬に生まれるモンシロチョウ

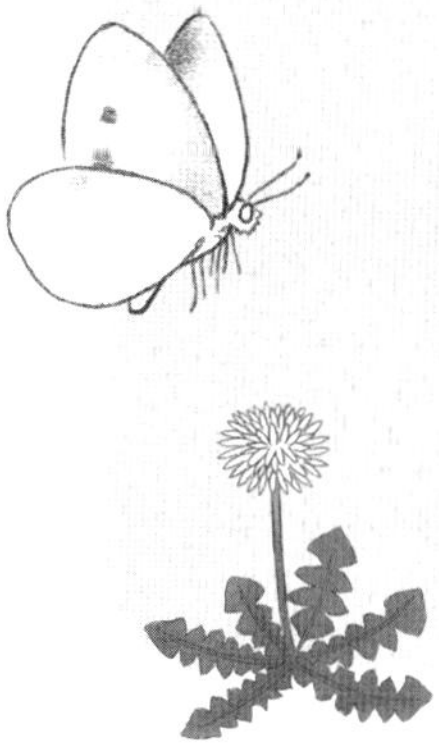

わたしがモンシロチョウの研究を始めたのは、数十年前の学生時代、冬の研究室で羽化《うか》してくるモンシロチョウに気づいたことがきっかけでした。それは室内での現象《げんしょう》でしたが、野外でも、年によっては十二月の初めになってからでも、モンシロチョウのすがたを見たり、畑に幼虫《ようちゅう》がいたりすることがあります。この時期に飛んでいるモンシロチョウは、十一月ごろに幼虫《ようちゅう》が育って、さなぎになったものの、「ねむる　さなぎ」にはならなかったために、羽化《うか》してきたチョウたちで、畑にいた幼《よう》虫《ちゅう》はそのこどもたちということになります。

昼の長さはとっくに短くなっているのに、どうして「ねむらない　さなぎ」になっ

たのでしょうか。このなぞには、幼虫《ようちゅう》が育ったときの温度が関係しています。

〔二十五度では、ねむらない〕

「ねむりのスイッチ」がセットされる時間について、あるていど結果をまとめることができたわたしは、温度によって「ねむりのスイッチ」がどう変化するかについて調べることにしました。

昼夜の長さを四つのパターンで設定《せってい》し、これまでは、温度を二十度にして幼虫《ようちゅう》を育てていましたので、今度は、

モンシロチョウの初冬の産卵《さんらん》（神奈川県藤沢市《かながわけんふじさわし》、12 月）

二十五度にして幼虫《ようちゅう》を育てました。温度が高くなると病気が出やすくなるので、毎日一生けんめいそうじをして、慎重《しんちょう》に育てました。東京のモンシロチョウの場合、その結果は、次のようになりました。

温度二十五度で育てた場合
①　昼：八時間　夜：十六時間　十六%が「ねむる　さなぎ」になった
②　昼：十時間　夜：十四時間　「ねむる　さなぎ」はあらわれなかった
③　昼：十二時間　夜：十二時間　「ねむる　さなぎ」はあらわれなかった
④　昼：十四時間　夜：十時間　「ねむる　さなぎ」はあらわれなかった

二十度で調べたときは、昼が八時間の場合、すべてが「ねむる　さなぎ」になりました（↓54ページ）。二十五度では十六%しか「ねむる　さなぎ」になりません。この結果からわかるのは、「ねむりのスイッチ」の設定《せってい》は、昼の長さだけでなく、温度のえいきょうもあるということです。温度が高くなると「ねむりのスイッチ」は入りにくくなり、二十五度をこえるとスイッチはあまり入らなくなり、「ねむる　さなぎ」は、ほとんどあらわれなくなるのです（グラフは125ページ）。

　これは、南の石垣島《いしがきじま》のモンシロチョウでも同じです。じつは、沖縄《おきなわ》の渡嘉敷島《とかしきじま》と、八重山《やえやま》の石垣島《いしがきじま》のモンシロチョウの実験をしたとき、幼虫《ようちゅう》を十五度と二十五度でも育ててみたのです。すると、次のようなことがわかりました。石垣島《いしがきじま》の場合を見てみましょう。

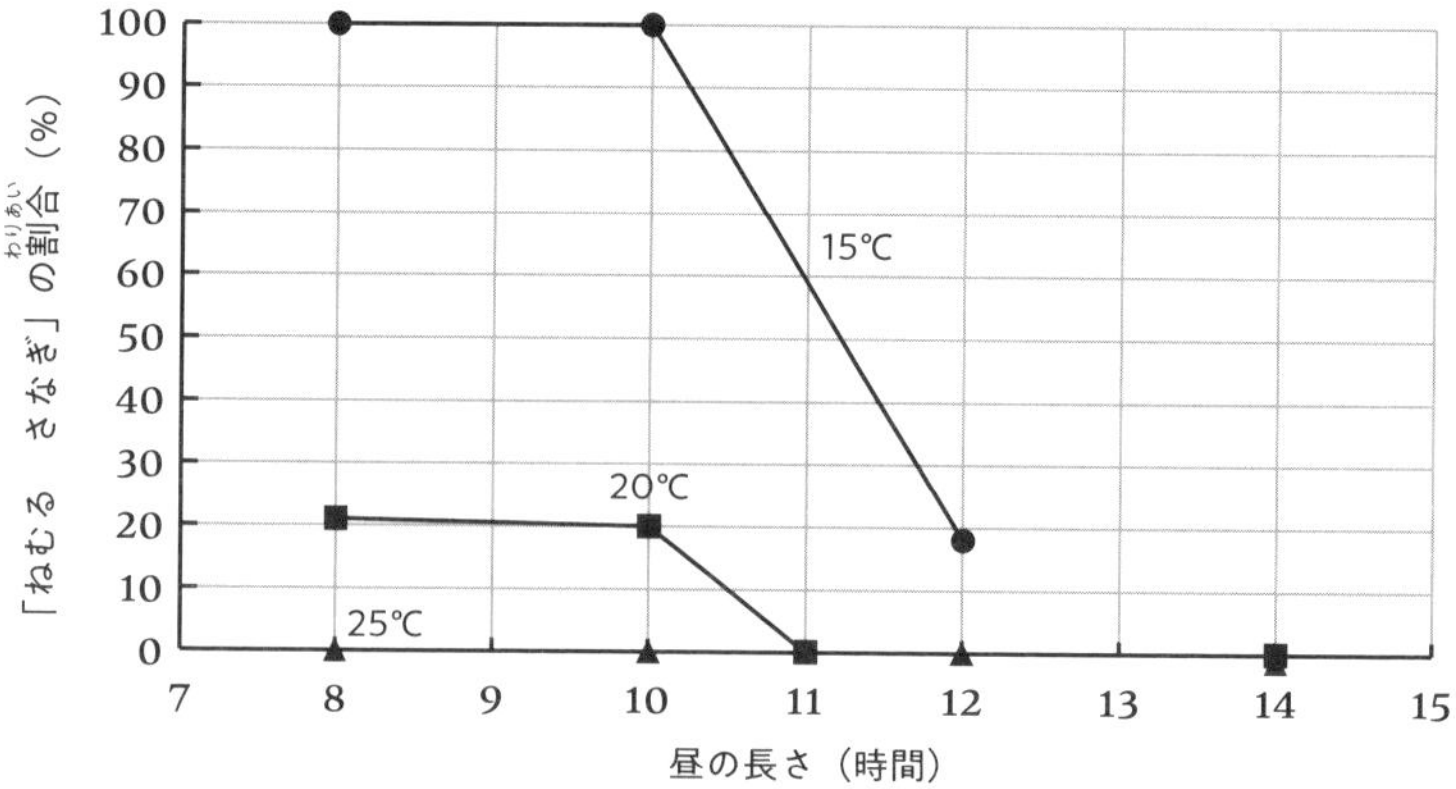

石垣島《いしがきじま》のモンシロチョウの幼虫《ようちゅう》が育つときの昼の長さと「ねむる　さなぎ」になる割合《わりあい》
●飼育《しいく》温度 15℃　■飼育《しいく》温度 20℃　▲飼育《しいく》温度 25℃
飼育《しいく》温度が 25℃のときは昼の長さが短くなっても「ねむる　さなぎ」はあらわれない。

＊温度二十五度では、すべてのパターンで「ねむる　さなぎ」はあらわれない
＊温度十五度では、昼が八時間と十時間のパターンですべてが「ねむる　さなぎ」に。昼が十二時間になると十八パーセントのみが「ねむる　さなぎ」になった。それ以上昼が長くなれば「ねむる　さなぎ」はあらわれなくなると考えられる。

これらの実験から、昼の長さが同じでも、温度が高いと「ねむる　さなぎ」になりにくく、温度が低いと「ねむる　さなぎ」になりやすいことがわかりました。そしてこの性質《せいしつ》は、どこのモンシロチョウでも同じなのです。

〔環境《かんきょう》に合わせてじょうずに生きる、モンシロチョウ〕

ふつうの年であれば、東京の十月の平均気温《へいきん》は約十八度です。そして十月の初めには、昼の長さが十二時間二十分より短くなっているので、モンシロチョウは「ねむる　さなぎ」になります（54～56ページ）。

しかし、年によって、気温が高いまま秋をむかえると、「ねむりのスイッチ」が入りにくくなるため、「ねむらない　さなぎ」が出てくることがあります。そのようなさなぎは、暖《あたた》かい日が続くと成長が進み、冬の初めなのに羽化《うか》するチョウがあらわれることになります。冬の初めに飛んでいたモンシロチョウは、その年の高い気温によって「ねむりのスイッチ」がオンにならなかったさなぎから羽化《うか》したチョウだったというわけです。

そんなモンシロチョウのオスとメスが出会って産卵《さんらん》すれば、冬でも幼虫《ようちゅう》を見かけるようになるでしょう。東京付近では、冬でもブロッコリーやキャベツを栽培《さいばい》している畑がありますので、うまくいけばそんなところで、ゆっくり発育するかもしれません。

このように、モンシロチョウは昼の長さの変化を感じて、冬ごしのじゅんびをするものの、温度が高ければ、冬のねむりをあとにずらして、さらにぎりぎりまで活動することもできるのです。そうなると、一年に七回も幼虫《ようちゅう》が生まれて育つことになり、なかまをふやすには都合《つごう》がよさそうです。
モンシロチョウは、まわりの変化をびんかんに感じ取って、くらし方を変化させていることがわかりました。やはり、モンシロチョウは「積極派《せっきょくは》」なんですね。

〔まわりの変化にえいきょうされずに生きる、スジグロシロチョウ〕

では、モンシロチョウに近いなかまのスジグロシロチョウの場合はどうでしょうか。東京産のスジグロシロチョウで、同じように温度を二十五度にして実験したところ、次のような結果になりました。

温度二十五度で育てた場合
① 昼：八時間　夜：十六時間　九十三％が「ねむる　さなぎ」になった
② 昼：十時間　夜：十四時間　九十六％が「ねむる　さなぎ」になった

③　昼：十二時間　夜：十二時間　八十三％が「ねむる　さなぎ」になった

④　昼：十四時間　夜：十時間　「ねむる　さなぎ」はあらわれなかった

この結果からわかることは、スジグロシロチョウでは、温度が高くても、昼の長さが短くなると、そのことに反応《はんのう》して、ほとんどが「ねむる　さなぎ」になることです。つまり、スジグロシロチョウでは、たまたま、秋が暖《あたた》かかったからといって、モンシロチョウのように「ねむらない　さなぎ」ができてしまうのではなく、毎年、同じ時期になれば「ねむる　さなぎ」があらわれるということになります。昼の長さの変化は毎年、同じように進んでいきますから、温度にえいきょうされず、昼の長さにだけ反応《はんのう》していれば、毎年、同じタイミングで冬ごしのじゅんびができます。何だか、このほうが安全な気がしますね。「慎重派《しんちょうは》」のスジグロシロチョウならではの生き方です。

温度を25℃にして幼虫《ようちゅう》を育てたときの「ねむる　さなぎ」になる割合《わりあい》

（数字は%）

昼の長さ	8時間	10時間	12時間	14時間
モンシロチョウ	16	0	0	0
スジグロシロチョウ	93	96	83	0

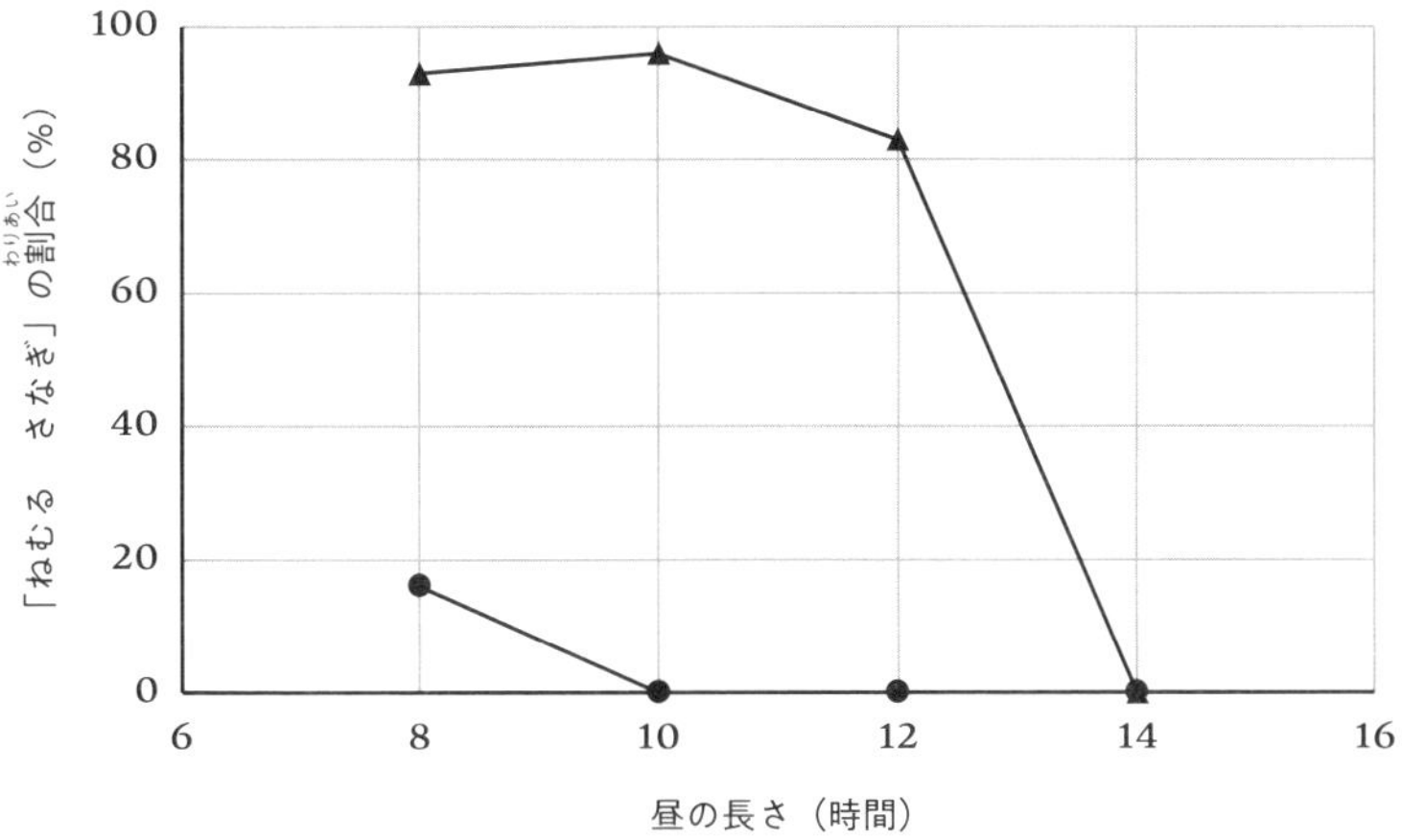

温度を25℃にして幼虫《ようちゅう》を育てたときの「ねむる　さなぎ」になる割合《わりあい》

●モンシロチョウ　　▲スジグロシロチョウ

（どちらも東京産の場合）

どちらの生き方もかしこい

モンシロチョウの幼虫《ようちゅう》は、主に、人間が畑に作るアブラナ科の野菜類を食べています。地域《ちいき》によっては冬でもキャベツやブロッコリーが育てられていますから、暖《あたた》かい年には「ねむる　さなぎ」にならず、活動できるチャンスをできるだけ広げる生き方がかしこいということになりますね。

それに対して、スジグロシロチョウは主に林のへりや木立の多い公園のような場所でくらし、幼虫《ようちゅう》はイヌガラシのような野生のアブラナ科植物を食べて育ちます。モンシロチョウのように、畑の野菜類を食べているわけではないので、秋のおそい時期になると、幼虫《ようちゅう》が食べる草はなくなり、また、春になっても、草が育つまでには時間がかかります。そのようなところを生活の場所に選んだスジグロシロチョウにとっては、早くねむり、ゆっくり目覚《めざ》める生活のしかたが、かしこいやり方といえるでしょう。「積極派《せっきょくは》」か「慎《しん》重《ちょう》派《は》」かのちがいは、すんでいる環境《かんきょう》に合わせた、生きのび作戦の、ちがいだったのですね。どちらのチョウも、それぞれ、かしこい生き方を選んでいるといえます。

コラム 4

モンシロチョウとスジグロシロチョウのすみ分け

春から夏にかけて、平地には畑や水田が広がっていて、遠くに緑あふれる丘《おか》が見られるような場所に出かけてみましょう。きっと、畑や水田の近くや家の庭などをひらひらと舞《ま》う白いチョウが見られるはずです。これらのチョウはたいてい、モンシロチョウです。だんだんと丘《おか》に向かって歩き、林の中に入っていくと、また、白いチョウが飛んでいますが、今度はスジグロシロチョウです。モンシロチョウに、似《に》ていますが、はねの黒いすじが目立つので区別できます。

次の図は東京都八王子市の、私鉄《してつ》の、ある駅から南がわの多摩《たま》丘陵《きゅうりょう》の丘《おか》に向かって歩いたときに見た白いチョウがモンシロチョウ（○）かスジグロシロチョウ（●）か、それらを見かけた地点を記録した図です。駅の近くの平地の部分ではほとんどがモンシロチョウです。丘《おか》のほうに行くと、そこは林が広がっていて、見られた白いチョウは全部スジグロシロチョウでした。

このように、近いなかまの生き物のあいだで、生活場所がちがっている現象《げんしょう》を「すみ分け」といいます。図でわかるように、モンシロチョウは畑や水田が広がる日当たりのよい場所、スジグロシロチョウは林のある日かげの多い場所と、すみ分けてくらしているのです。

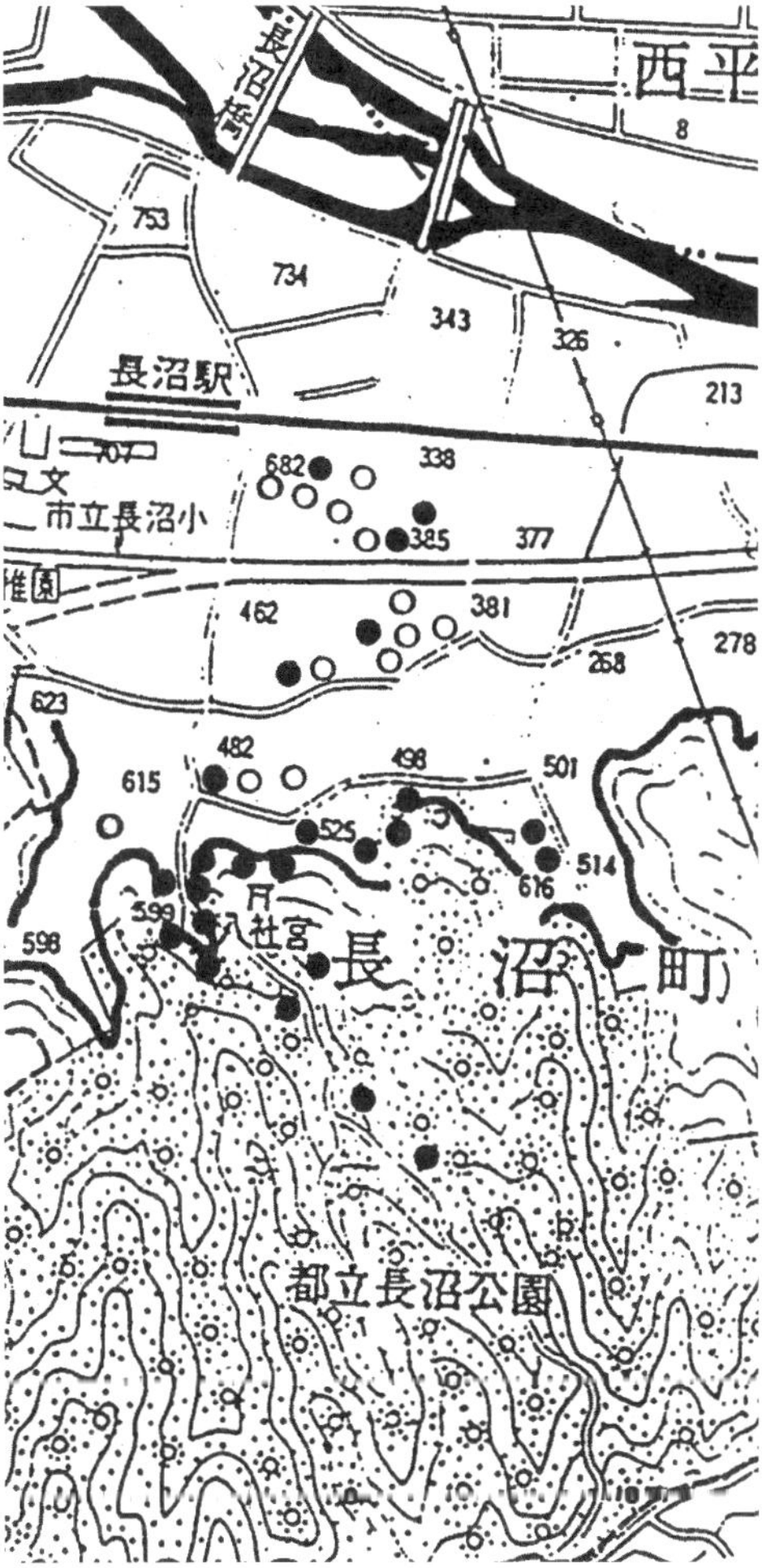

図　すみ分けの調査《ちょうさ》
モンシロチョウ（○）　スジグロシロチョウ（●）
地図／国土地理院発行 25000 分の 1 地形図より

なぜ、すみ分けてくらしているのでしょう

昆虫《こんちゅう》は変温動物なので体温を一定に保《たも》つしくみを持っていません。そのため、活動するためには、日に当たってからだを温めたり、逆《ぎゃく》に、暑いときにはあまり日に当たらないようにして、からだが温まりすぎるのを防《ふせ》ぎます。

モンシロチョウははねをいっぱいに広げて日に当たり、からだを温めます。また、暑いときははねをぴったりとじて、日の当たる面積をへらし、温まりすぎるのを防《ふせ》ぎます。そのため、日当たりのよい場所にい続けることができます。それに対して、スジグロシロチョウは、からだの温め方はモンシロチョウと同じですが、暑いときには、日かげに入って温まりすぎを防《ふせ》ぐという方法をとります。そのため、日かげのできる林のそばからはなれることはできないのです。

このように、体温の調節の方法がちがうため、モンシロチョウは日当たりのよい場所、スジグロシロチョウは林のように日かげの多い場所を選んでくらすように

なったのです。

すみ分けてくらせば、どちらも安心

モンシロチョウもスジグロシロチョウも、幼虫《ようちゅう》はアブラナ科の植物を食べて育ちます。もし、どちらのチョウも同じ場所でくらしていたとすると、幼虫《ようちゅう》どうしで、えさの取り合いが起きるかもしれませんね。しかし、すみ分けてくらしているため、モンシロチョウの幼虫《ようちゅう》は畑にあるキャベツやダイコンなどを食べ、スジグロシロチョウの幼虫《ようちゅう》は林のへりにはえているイヌガラシなどの野生アブラナ科植物を食べるため、幼虫《ようちゅう》どうしのえさの取り合いが起きることはほとんどありません。

このようにすみ分けは、モンシロチョウもスジグロシロチョウも安心してくらすことのできるかしこい方法だったのですね。

モンシロチョウが多い環境《かんきょう》

スジグロシロチョウが多い環境《かんきょう》

16章 かしこいくらし方 ほかのチョウの場合

アゲハチョウのなかまにも、身近なチョウとしておなじみの種類がいます。町中でよく見る、黄色と黒のもようのアゲハはナミアゲハです。北海道から南西諸島《しょとう》まで日本全国で見られます。町中でもよく見かけるもう一つのアゲハは、まっ黒なはねのクロアゲハです。本州から南の各地で見られますが、北海道にはすんでいません。どちらの幼虫《ようちゅう》もミカン、カラタチ、サンショウなどのミカンのなかまの木の葉を食べます。ナミアゲハは明るい場所を好んで飛びますが、クロアゲハは木立の多い、日かげのある場所が好きです。

この二つの種類のアゲハの「ねむりのスイッチ」を調べてみたところ、次のようなことがわかりました。

ナミアゲハの「ねむりのスイッチ」は、温度が二十四度のときには、昼の時間が十二時間四十五分より短くなるとオンになることはもう調べられていました。そこで、わたしは温度を二十度にして調べることにしました。モンシロチョウにくらべると、アゲハチョウ類の幼虫《ようちゅう》はとても大きいので、それをたくさん飼育《しいく》するとなると、えさのこうかん、ふんのそうじと、とても大変になります。どのくらい、大変かは、想像《そうぞう》してみてください。

さて、結果はというと、温度二十度では、「ねむりのスイッチ」がオンになるさかいめの時間（臨界日長《りんかいにっちょう》）は十四時間十五分であることがわかりました。温度が四度低くなると、スイッチの設定《せってい》時間が一時間半も長くなるのです。

これは、ナミアゲハでは、温度が高いときには「ねむる　さなぎ」のできる季節がおそくなり、温度が低いと早くなることを意味しています。この関係、なにか

ナミアゲハ　家の庭や公園など日当たりのよい場所に多い

クロアゲハ　林の近くなど日かげの多い場所でよく見られる

に似《に》ていませんか。そう、「積極派《せっきょくは》」のモンシロチョウと同じですね（↓121〜123ページ）。ナミアゲハも気温が高ければ、どんどん、なかまをふやそうとするモンシロチョウのような生き方をしているようです。

それに対して、クロアゲハの「ねむりのスイッチ」は、温度が二十三度のときには、昼の時間・十三時間四十七分がさかいめであることはすでに調べられていました。そこで、温度を二十度にして調べると、さかいめの時間は十四時間十五分とナミアゲハと同じでしたが、温度が二十三度のときとの時間の差は三十分ほどしかなく、ナミアゲハほど大きな差がないことがわかりました。これは、ナミアゲハとちがって、「ねむりのスイッチ」は、そのときの温度にあまり、えいきょうされず、毎年、ほぼ同じ季節になれば、「ねむる　さなぎ」ができてくることを意味しています。そう、「慎重派《しんちょうは》」のスジグロシロチョウと同じですね。

ナミアゲハは、発育できるぎりぎりの時期まで活動を続けますが、気温が下がりはじめると、すばやくねむりのじゅんびに入ります。その結果、一年に四〜五回幼《よう》

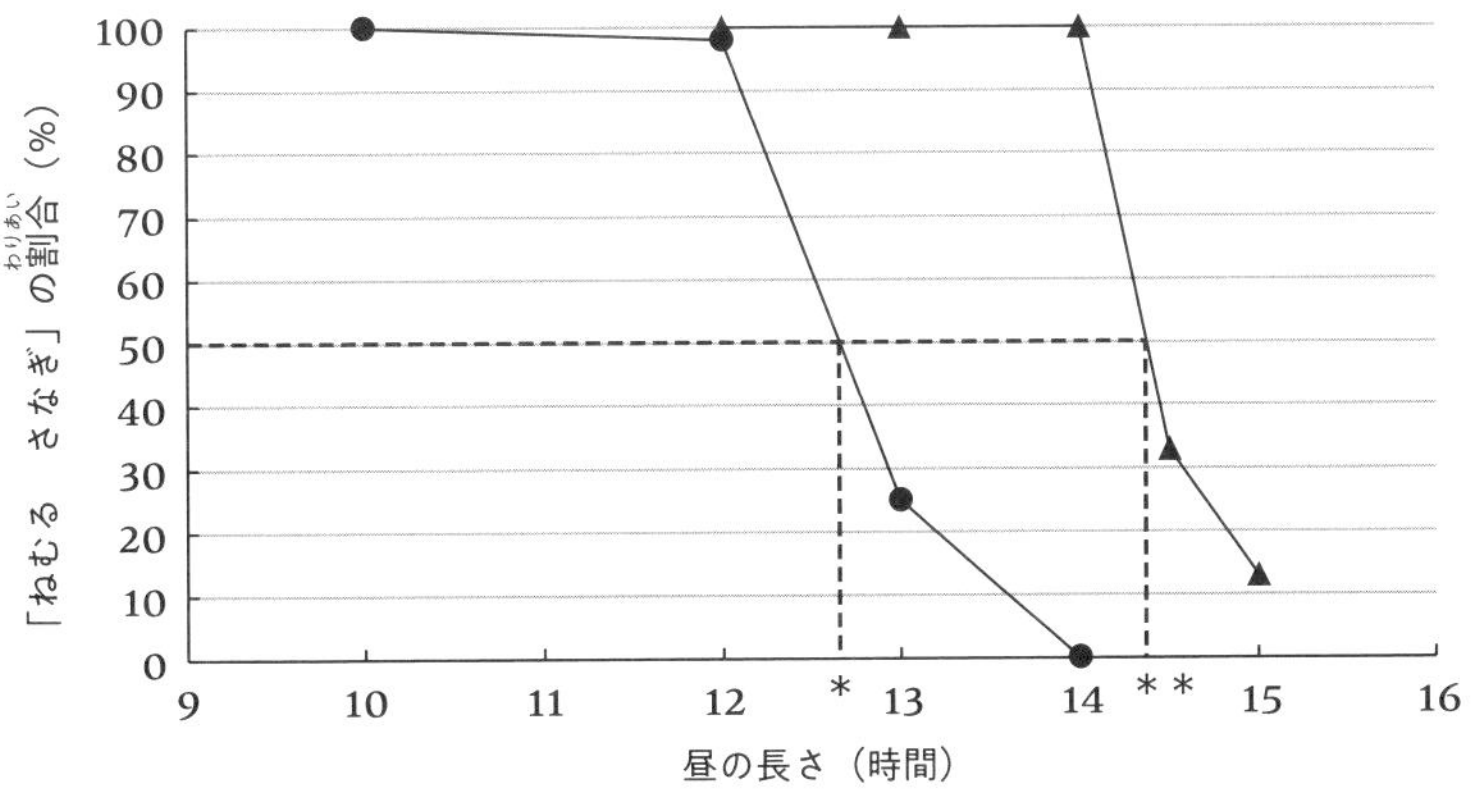

ナミアゲハの幼虫《ようちゅう》が育つときの昼の長さと「ねむる　さなぎ」になる割合《わりあい》

●飼育《しいく》温度　24℃　　▲飼育《しいく》温度　20℃

さかいめの昼の長さ　＊ 12 時間 45 分　＊＊ 14 時間 15 分

温度が高いと「ねむる　さなぎ」のでき方が大きく変わる。

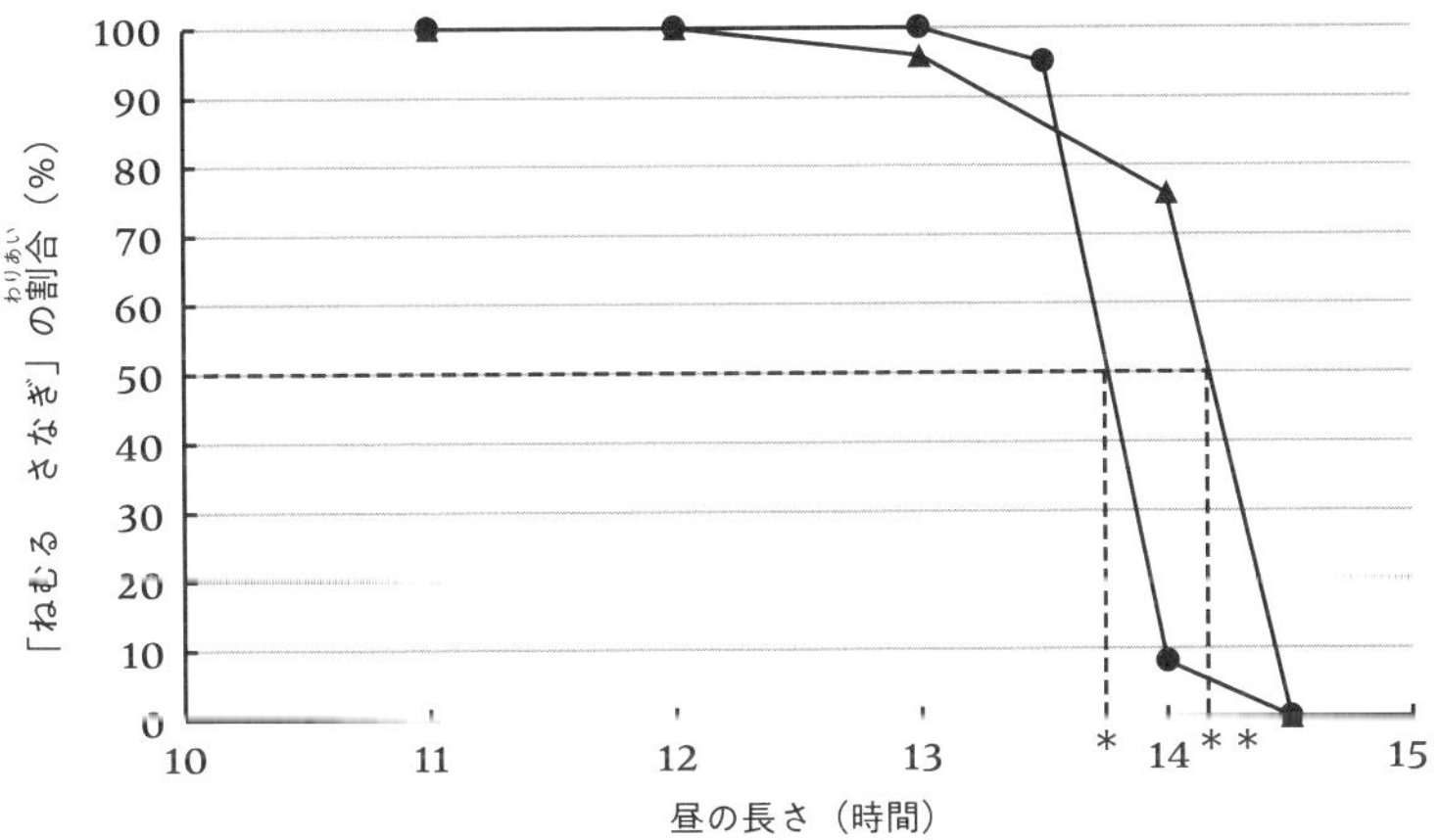

クロアゲハの幼虫《ようちゅう》が育つときの昼の長さと「ねむる　さなぎ」になる割合《わりあい》

●飼育《しいく》温度　23℃　　▲飼育《しいく》温度　20℃

さかいめの昼の長さ　＊ 13 時間 47 分　＊＊ 14 時間 15 分

温度が高くても「ねむる　さなぎ」のでき方はあまり変わらない。

虫《ちゅう》が生まれて育ちます。ナミアゲハはおもに人の手が入った林や町中の公園、家の庭などでくらしますが、そのような場所は、たびたび木を切られたりして、変化が多いものです。そのため、すんでいる場所の様子が変化しても、別の場所に移動《いどう》してくらしていけるように、チャンスがあればどんどんなかまをふやしていこうというのが、ナミアゲハの作戦なのでしょう。

それに対して、クロアゲハは林のへりや神社の木立の中など、少し暗い場所でくらします。そのような場所は変化が少なく安定しているので、スジグロシロチョウのような安全なくらし方をクロアゲハも選んでいるのでしょう。ただし、幼虫《ようちゅう》が生まれるのは一年に三回ほどと少なくなりますが、安全なくらしも大切ですね。

このように、それぞれがすんでいる場所に合わせた生き方をしていることが、モンシロチョウとスジグロシロチョウとの関係だけでなく、ナミアゲハとクロアゲハのあいだにも見られることは、大変、きょうみぶかいことだと思います。

〔みんな、それぞれのやり方で生きている〕

昆虫《こんちゅう》たちにとって、一年の昼の長さの変化は、冬が近いなど、季節の変化の前ぶれを知る大事な手がかりとなっています。

わたしたちも、秋になって日がくれる時間がだんだん早くなり、昼間が短くなってくると、もうすぐ寒い冬がやってくるなと思うようになります。そして、北風のふく寒い冬になると、この寒さがすぎれば、暖《あたた》かい春がやってくると待ち遠しくなりますね。

昆虫《こんちゅう》たちもそのように思っているのでしょうか？　そんなことはないと思いますが、この本でしょうかいしたように、モンシロチョウやスジグロシロチョウの幼《よう》虫《ちゅう》は、昼の長さの変化を感じて、冬ごしのための「ねむる　さなぎ」となります。

そして、そのさなぎが冬の寒さにさらされると、その寒さが刺激《しげき》となってねむりから覚《さ》め、さなぎのからだの中で、春へのじゅんび、つまり成虫への変化が始まります。

秋になって、せっせと畑のキャベツの葉を食べている幼虫《ようちゅう》を見かけたり、北風の中でじっとかべにはりついているさなぎを見かけたりすると、「がんばれよ」「やがて春がくるよ」と、思わず声をかけてしまいます。

謝辞

研究を進めるにあたり、北野日出男（東京学芸大学名誉教授）、加藤義臣（国際基督教大学名誉教授）、八谷和彦（元北海道立中央農業試験場）、鈴木　斉（武蔵野市立第六中学校校長）、飯島和子（ＮＰＯ法人自然観察大学副学長）の各氏には貴重なご指導・ご助言また実験材料の提供をいただきました。また、岸　一弘（神奈川県茅ヶ崎市）、渡邉憲一（長野県東御市）の各氏には写真の一部をご提供いただきました。深く感謝いたします。

さらに、これまでの研究経過を本としてまとめるにあたり、編集者の清水洋美さんには原稿を児童書としての文体にまとめ直していただき、汐文社の永安顕子さんには編集にあたり、大変お世話になりました。また、イラストレーターのいとうあやさんには細部にまでこだわった挿絵を描いていただき、デザイナーの小池佳代さんにはこどもたちによりそった読みやすく素敵な本にしていただきました。厚くお礼申し上げます。

参考図書

　一日の日の長さに対する昆虫の反応やモンシロチョウのくらし、あるいはチョウについてもっと知りたいと思った方は少しむずかしいですが、次のような図書が参考になります。

沼田英治『生きものは昼夜をよむ　光周性のふしぎ』（岩波ジュニア新書、2000 年）
江島正郎『日本の昆虫⑥　モンシロチョウ』（文一総合出版、1987 年）
本田計一・加藤義臣（編）『チョウの生物学』（東京大学出版会、2005 年）

橋本　健一（はしもと　けんいち）

千葉県立保健医療大学名誉教授。1973年に東京学芸大学大学院教育学研究科修了後、東京都立千歳丘高校、新宿高校、東京学芸大附属高校の教諭（生物）を経て、千葉県立衛生短期大学、2009年から千葉県立保健医療大学の教授として生物学などを担当するほか、東京学芸大学や青山学院大学などで理科教育関係の科目を兼務する。理科教育関連として、幼児雑誌や子ども向け出版物の監修などを手がける。長年、「チョウの生態学」の研究を進める。

編集　清水洋美
表紙・本文イラスト　いとうあや
写真　渡邉憲一（P.6）　山本健二（P.7）　岸　一弘（P.118）
　　　橋本健一（口絵・標本、P.6、13、35、132）　PIXTA
図版制作・DTP　システムアート

デザイン　小池佳代

モンシロチョウ、
「ねむる　さなぎ」のひみつ

2024年10月　初版第1刷発行

著　者　橋本健一
発行者　三谷　光
発行所　株式会社汐文社
〒102-0071
東京都千代田区富士見1-6-1
TEL 03-6862-5200　FAX 03-6862-5202
https://www.choubunsha.com
印刷　新星社西川印刷株式会社
製本　東京美術紙工協業組合
ISBN978-4-8113-3137-9　NDC486